水生态建设与水环境治理保护研究

徐红梅　孟向松　付　心　著

东南大学出版社
SOUTHEAST UNIVERSITY PRESS

图书在版编目（CIP）数据

水生态建设与水环境治理保护研究/徐红梅，孟向松，付心著. --南京：东南大学出版社，2024.12.
ISBN 978-7-5766-1928-7
Ⅰ. X143
中国国家版本馆 CIP 数据核字第 20252PM993 号

责任编辑：胡中正　　责任校对：张万莹　　封面设计：豫燕川　　责任印制：周荣虎

水生态建设与水环境治理保护研究
Shuishengtai Jianshe yu Shuihuanjing Zhili Baohu Yanjiu

作　　者：徐红梅　孟向松　付　心
出版发行：东南大学出版社
出 版 人：白云飞
社　　址：南京市四牌楼 2 号　邮编：210096　电话：025-83793330
网　　址：http://www.seupress.com
经　　销：全国各地新华书店
排　　版：燕川文化
印　　刷：北京市怀柔新兴福利印刷厂
开　　本：787 mm×1092 mm　1/16
印　　张：10
字　　数：173 千
版 印 次：2025 年 6 月第 1 版第 1 次印刷
书　　号：ISBN 978-7-5766-1928-7
定　　价：58.00 元

本社图书如有印装质量问题，请直接与营销部联系（电话：025-83791830）

前　言

水，是生命之源、生产之要、生态之基。从古至今，人类文明的发展与水息息相关。从古老的逐水而居到现代的城市建设，水始终在我们的生活中扮演着至关重要的角色。然而，随着工业化、城市化进程的加速以及人口的快速增长，水生态建设与水环境治理保护面临着前所未有的严峻挑战。

在当今时代，水生态问题已经成为全球共同关注的焦点。一方面，水资源短缺现象日益严重。由于不合理的开发利用和气候变化等因素的影响，许多地区的水资源量不断减少，供需矛盾日益突出。另一方面，水污染问题也触目惊心。工业废水、生活污水、农业面源污染等不断排放，使得河流、湖泊、地下水等水体遭受严重污染，水质恶化，生态功能受损。此外，水生态系统的破坏也不容忽视。过度开发水资源、破坏水生态栖息地、不合理的水利工程建设等，都对水生态系统的平衡与稳定造成了极大的威胁。

面对这些严峻的现实问题，加强水生态建设与水环境治理保护刻不容缓。水生态建设旨在通过一系列的措施和手段，恢复和重建水生态系统的结构和功能，提高水资源的利用效率和生态服务价值。水环境治理保护则侧重于对水污染的防治和水体环境的改善，确保水资源的质量和安全。这两者相辅相成，共同构成了水资源可持续利用的重要保障。

开展水生态建设与水环境治理保护研究具有重大的现实意义。首先，它有助于保障人民群众的饮水安全和身体健康。清洁的水资源是人类生存的基本需求，只有加强水环境治理保护，才能确保人民群众喝上干净、安全的水。其次，它有利于促进经济社会的可持续发展。水资源是经济社会发展的重要支撑，良好的水生态环境能够为产业发展提供坚实的基础，实现经济发展与环境保护的双赢。最后，它对于维护生态平衡和生物多样性也具有重要作用。水生态系统是地球上最重要的生态系统之一，保护水生态环境就是保护地球上的生命之源。

希望本书能够为从事水生态建设与水环境治理保护工作的科研人员、管理人员和决策者提供有益的参考，为推动我国水资源可持续利用和水生态环境的改善贡献一份力量。让我们共同努力，守护好这一方碧水，为子孙后代留下天蓝、地绿、水净的美好家园。

在撰写本书的过程中，作者查阅和借鉴了大量的相关资料，在此向其作者表示诚挚的感谢。此外，本书的撰写也得到了相关专家和同行的支持与帮助，在此一并致谢。由于作者水平有限，加之时间仓促，书中难免出现纰漏，敬请广大读者批评指正。

目 录

第一章　水生态的概述

第一节　水生态的概念

水生态系统是水生生物群落与水环境相互作用、相互制约，通过物质循环和能量流动，共同构成具有一定结构和功能的动态平衡系统。水生态系统可分为淡水生态系统和海水生态系统。按照现代生物学概念，每个池塘、湖泊、水库、河流等都是一个水生态系统，均由生物群落与非生物环境两部分组成。生物群落依其生态功能分为：生产者（浮游植物、水生高等植物），消费者（浮游动物、底栖动物、鱼类）和分解者（细菌、真菌）。非生物环境包括阳光、大气、无机物（碳、氮、磷、水等）和有机物（蛋白质、碳水化合物、脂类、腐殖质等），为生物提供能量、营养物质和生活空间。水生态系统保证系统内的物质循环和能量流动，以及通过信息反馈，维持系统相对稳定与发展，并参与生物圈的物质循环。水生态系统对外来的作用力有一定承受能力，如作用力过大，则会失去平衡，系统即遭到破坏。

水生态系统修复是通过一系列保护措施，最大限度减少水生态系统的退化，将已退化的水生态系统恢复或修复到可以接受的、能长期自我维持的、稳定的状态水平。

水生态环境修复是利用生态系统原理，按照自然界的自身规律使水体恢复自我修复功能，采取各种工程、生物和生态措施修复受损水体，提高水体质量，修复生态系统结构，强化水体环境的自净能力，重建健康的水体环境，实现水生态环境整体协调、自我维持和自我演替的良性循环。

第二节　水生态整治措施

一、河道生态整治

(一)河道平面整治

对于郊区河流和目前尚未整治开发的自然河道，尽量保持其天然蜿蜒的形态，因势利导地保护河流两岸。对已经直线化的人工河道，依照自然规律，利用生态工程技术适度恢复部分自然岸线与河床，形成蜿蜒曲折的自然线形，丰富水流形态，为水生植物创造丰富的水环境。

(二)河道断面整治

河道断面处理的关键是，既要设计一个能够常年保证有水的河道及能够应付不同水位、不同水量的河床，还要提供理想的开敞空间环境，具有较好的亲水性，适于休闲游憩。若区域内季节性河流较多，平时河道水量较小，洪水来时又有较大的过流量，生境单一，景观很差，丧失了河道的生态多样性。则河道横断面宜采用复式断面，复式断面可以因地而异，不必强调对称。枯水期时，流量小，水流归主槽，能够为鱼类提供基本生存条件；洪水期时，流量增大，洪水可以漫滩，允许高潮位或高水位和小洪水淹没某些岸边设施，过水断面变大，洪水水位较低，可不必建高大的防洪堤。漫滩地具有较好的亲水性，适于休闲游憩，是城市中理想的开敞空间环境。次槽尽量采用缓坡，可以在保证土壤倾斜角的同时，方便护岸工程的施工，具有很好的亲水性和开敞性。

(三)河道岸坡整治

基于对生态系统的认知和保证生物多样性的延续，以生态为基础、安全为导向，对河道岸坡实施生态护坡，尽量减少对河道自然环境的损坏。采取的生态护坡主要包括自然原型护坡、自然型护坡和人工自然型护坡三种类型。

(四)城镇中心河道

城镇中心河道指流经主城区、工业核心区及乡镇中心所在地等城镇人口聚集区的河道。这些河道两岸人口密集，工业集中，防洪压力大，因此城镇中心河道对堤防的安全性要求非常高。需要在保持河底脚、岸坡安全稳定的前提下，进一步考虑生态环境要求，重点河岸要考虑生态环境景观效果。城镇中心河道承担着社会公共空间的载体功能，更多地表现为集游憩、休闲、娱乐、健身、文化等于一体的多功能复合的空间，不仅让人参观游览，而且可以供人使用，表现出亲和、共享的特性。因此在断面、岸坡以及景观形式选择上，需要注重开放性、亲和性和可达性。城镇中心河道又可分为未硬化河道和硬化河道两种类型。

1. 未硬化河道

未硬化河道适合选择人工自然型护坡，根据需要堤岸采用硬质材料，形式简单，但通过景观的手法进行柔化处理，如设置小品、竖向设计及植被绿化等，使得堤岸更倾向于自然生态。

2. 硬化河道

对于硬化河道，在城市的防洪、除涝、引水等方面已经发挥了巨大的作用，拆除会对两岸人民生活和经济活动产生较大影响，而且资金投入较大。可以用植被掩盖硬化岸坡，即在传统浆砌石、混凝土硬化的岸坡表面覆土植生，一方面能起到截留陆域面源污染的作用，另一方面也能改善水岸生态系统和岸边景观。随着护岸的硬化材料老化，对硬化材料逐步拆除，选择稳定抗冲、生态友好的人工自然型护坡，同时对河道岸线、断面进行综合整治，形成生态河道。

（五）城郊河道

城郊河道是指位于城市近郊地区的河道。这一类河流多为饮用水功能区，是连接水库、饮用水水源地与城市核心的重要纽带，河道周边的经济开发较少，水质保护尤为重要。此类河道整治应尽量恢复河道天然状态，宜选择自然型护坡。另外，城镇中心的非主要行洪河道，也可以采取这种护坡形式，为城市增加更为天然、原生、丰富的水景观、水文化。

（六）山区河道

山区河道一般位于城市的远郊，是山野地带的河道。此类河道周边人口稀疏，多为种植用地，河道自然形态保存良好，宜采用自然原型护坡。通过面层种植植被或铺设细沙、卵石，形成草坡、沙滩或卵石滩保护堤岸。如选择柳树、水杉、芦苇、菖蒲等适于滨水地带生长的植被种植在堤岸上，利用植物的根、茎、叶来固堤，可保持自然堤岸特性。

对于乡村田间河道，除个别冲刷严重河岸需筑堤护坡外，应尽量维持原有的自然面貌，保持天然状态下的岸滩、江心洲、岸线等自然形态，维持河道两岸的行洪滩地，保留原有的湿地生态环境，减少由于工程对自然面貌和生态环境的破坏。

二、水库生态整治

水库生态治理的方式与其水功能要求密切相关。根据水库的水功能区定位，将水库分为三类，分别是饮用水水源型水库、景观休闲型水库、农用型水库。

(一)饮用水水源型水库

水功能区为饮用水水源区的水库。此类水库治理措施以水源涵养、生态保护为主。主要供水水源，杜绝污水入库，不建议开发。其他此类小型水库结合小流域进行生态治理，限制周边库区的开发。对上游来水水质较差的水库，依地形、地势适当布置潜流型湿地对来水进行截留、净化，保证入库水质；对景观略有要求的水库，可少量设置观景、垂钓的配套设施，适当突出种植季相特色。

(二)景观休闲型水库

水功能区为景观娱乐用水区的水库。此类水库治理目标以生态修复、休闲娱乐为主，工程措施和生物措施并重，周边中度开发，库区内设置观光栈道观景平台、特色林荫道、小型水上乐园、库区庄园等。此类水库根据所处规划区不同，在功能定位、景观处理和配套设施建设上略有不同。

位于城镇附近的水库，具有城市属性，应满足周边城市人群快捷、便利、闲适的度假需求，按照休闲观光型小流域进行治理，可以适度开发商业地产、高端别墅、度假产品等。

位于工业区附近的水库，以简单、大气、现代为基调，体现工业文明与生态文明的完美结合，按照工业绿地型小流域进行治理。

位于旅游景点附近的水库，应满足游客深度旅游体验的需求，设置休闲、娱乐、体验型配套设施，结合所处旅游区特色，建设具有本地文化韵味和历史风格的景观小品。

(三)农用型水库

水功能区为农业用水区的水库。此类水库治理措施以生态修复为主，工程措施和生物措施并重，按照生态农业型小流域进行治理。景观方面结合现状形成湿地公园，远离水库可轻度开发农业观光，设置满足观景、度假需要的生态采摘园、度假村等，总体上轻度开发。需要特别注意库区周围农业面源污染的截留和处理，度假区应适当远离中心库区，污水就地处理，实现库区内污水零排放。

三、生态清洁型小流域综合治理

(一)治理思路

小流域综合治理严格执行以水源保护为中心，山、水、农、林、路、村统筹考虑，污水、垃圾、厕所、环境、河道“五同步”治理的原则。拦、蓄、灌、节、排等工程措施相结合，各项措施遵循自然规律和生态法则，并与当地景观相协调，按照“统一规划、分步实施、稳步推进”的原则进行分区建设。根据小流域自然地理概况、社会经济发展条件、水土流失及防治状况等实施小流域不同治理模式，基本实现资源的合理利用和优化配置、人与自然的和谐共处、经济社会的可持续发展和生态环境的良性循环。按照先水源区、人口密集区后一般区，先易后难的原则，稳步推进生态清洁小流域建设。

小流域生态区的划分是按照“保护水源、改善环境、防治灾害、促进发展”的总体要求，以“景观格局相似性、水土流失相似性、治理措施相似性、土地利用方式相似性和生态功能相似性”为原则，将小流域作为一个“环境—经济—社会”的复合生态系统。

生态修复区位于流域山顶或坡上部，坡度一般大于25°，是人口相对稀少，人类活动较少，不利于农业耕作，没有开发建设及大规模的农业生产活动等人为干扰的区域，其修复措施主要包括禁封、护栏和疏林补植等。

生态治理区位于坡中、坡下和坡脚地区，坡度不大于25°；是村镇建设区、农业生产区、风景旅游区等人类活动频繁区域；这一区域水土流失、农业面源污染、生产生活污水、垃圾污染较集中，废弃矿山等开发建设废弃地以及大面积裸露荒坡多。宜以坡面整治、沟道治理、护林护草、生态护坡、蓄排水利工程、生态农业、环境美化、污水处理和垃圾处理等措施为主。

生态保护区位于流域下游沟道、河(湖)道两侧以及湖库周边地带，一般为河川地、河滩地等滨水区域，主要包括河道治理、河(库)滨带治理等措施。

(二)治理措施

针对小流域内水土流失状况、水环境状况、水土资源开发利用以及人类活动等不同特点，以保护水源为中心，按照“因地制宜、因害设防”的原则，“分区布局、分区治理”的思路，在小流域不同功能区布置不同的预防保护和治理措施，形成立体和水平纵横交错的工程网络和措施体系。具体工程措施包括：禁封措施、护栏工程、疏林补植、坡面整治、沟道治理、护林护草、土地整治、挡土墙、生态护坡(岸)、排洪工程、蓄水工程、生态农业、节水灌溉、环境美化、垃圾管理、污水处理、农路建设、防护坝、河(库)滨带治理、河道治理、雨水利用、节点景观等22项。

1. 禁封措施

为保护山区林草地，防止人为放牧、砍伐等破坏活动，在小流域内坡面坡度大于25°或土层厚度小于25cm的地块，宜进行封禁治理，并设置封禁标牌。标牌以提醒为主，明确封禁范围、封禁管理规定或管护公约等，每个封禁区域应至少设置封禁标牌1处。封禁标牌的形状、规格与材料应与当地景观相协调，宜就地选材，采用天然石或木材制作。工程实施内容结合“重点水库型饮用水水源地保护工程”建设。

2. 护栏工程

护栏措施的主要目的是防止牛羊进入生态修复区，保护山区林草地。在封禁治理区内林草破坏严重、植被状况较差、恢复比较困难的区域出入路口应设置护栏、围网等拦护设施；在塘坝、水池、污水处理设施等周围，也可根据实际情况，设立拦护设施。栏护设施高度一般为1～2m，应与当地景观协调一致，一般可选用植物绿篱、木桩围栏、木桩刺铁丝围栏和混凝土桩刺铁围栏等。

3. 疏林补植

对植物群落盖度(郁闭度)小于0.5的疏林地采用点植补密，结合小型水利工程，充分利用当地雨水资源增加植物的成活率。树种宜选择抗逆性好、耐干旱、抗病虫害、生长迅速、适宜在土石生长、覆盖土壤能力强、根系发达，且具有一定经济价值的乡土树种，同时宜营造针阔、乔灌混交林。

4. 坡面整治

对于坡度25°以上土层较薄、植被稀少、树木不易生长的坡面，采取穴状、鱼鳞坑整地，拦蓄坡面径流，营造水土保持林；对于15°～25°的坡面，修水平阶、反坡梯田，采取地随树走的办法，保证树根部土层加厚，增加土壤的保水保肥能力，并根据市场需求营造各种经济林；对于15°以下的坡面，宜整修水平梯田，发展粮食作物生产、田间配套林网和灌排系统，地形较为破碎的宜砌筑树盘。

5. 沟道治理

沟道治理工程的作用在于防止沟头前进、沟床下切、沟岸扩张，减缓沟床纵坡、调节山洪洪峰流量，减少山洪或泥石流的固体物质含量，使山洪安全地排泄，对沟口冲积堆不造成灾害。山沟治理的措施包括：防治沟头下切的谷坊工程；以拦蓄调节泥沙为主要目的的各种拦沙坝；以拦泥淤地、建设基本农田为目的淤地坝等。

6. 护林护草

水土保持林是以调节地表径流、涵养水源、防止土壤侵蚀，改善生态条件和农业生产条件为目的的防护林，根据用途不同，水土保持林可分为经济林和生态林。小流域内土层厚度大于25cm、坡度小于25°的坡地以及沟(河)道两岸、湖泊水库四周、渠道沿线宜营造水土保持林；在土层厚度大于30cm、坡度小于15°的退耕地及荒坡地宜营造经济林。树种的选择应符合适地适树、优质高产和多样长效的原则，因地制宜配置不同树种。树种宜选择抗逆性好、耐干旱、抗病虫害、生长迅速、能及早郁闭、树冠浓密、落叶丰富、覆盖土壤能力强、根系发达，且具有一定经济价值的乡土树种，同时宜营造针阔、乔灌混交林。经济林的造林密度宜为800～1500株/hm^2，生态林宜为1000～2000株/hm^2。营造水土保持林还应采取集水整地措施，以保持水土，促进树木正常生长。整地工程防御标准按10～20年一遇3～6h最大雨量设计。根据立地条件和林种的不同，小流域常采取鱼鳞坑或水平阶等整地措施。

水土保持护草具有增加植被，涵养水源，减轻水土流失，改善生态环境的作用，并且能缓解农村饲料、肥料、燃料的缺乏问题，取得生态效益和经济效益的双丰收。在小流域内的退耕地、撂荒地、沟头、沟边、沟坡、梯田田坎、废弃地及村头空地等宜种植水土保持护草。草种宜选择抗逆性强、保土性好、生长迅速、具有一定经济价值的乡土草种，同时宜采用无灌溉或少灌溉的草种，以节约水资源。水土保持种草方式主要分为直播和混播。直播又分条播和穴播，条播适用于地面比较完整，坡度在25°以下的地块；穴播适用于地面比较破碎的地块，坡高线人工开穴，行距与穴距大致相等，上下相邻两行穴位呈“品”字形排列。混播是直播的特殊形式，在直播的几种方式中采用两种以上的草类进行混播，以加速覆盖，增强保持水土的作用，并促进草类生长，提高质量。

7. 土地整治

土地整治的目的是改良土壤、减少水土流失，实现环境清洁，主要针对已废弃的开发建设用地和砂石坑。土地整治的原则是最少扰动原有地貌，将土地平整与绿化种植相结合，即利用原有地形营造自然、起伏的微地形；同时清除地表难以利用的废弃垃圾，将较好的表土堆放在具有良好水土保持措施的地方，待土地平整，再覆一定厚度的土，栽植乔灌木进行绿化美化。

8. 挡土墙

挡土墙是指支承路基填土或山坡土体、防止填土或土体变形失稳的构造物。在小流域内风化、碎石崩落、坍塌严重的坡脚以及取土场、弃土场的边坡，应修建挡土墙。按挡土墙的位置可分为路肩墙、路堤墙、路堑墙等类型，按挡土墙的结构特点可分为重力式挡土墙、锚定板式挡土墙、锚杆挡土墙、钢筋混凝土悬臂式挡土墙、扶壁式挡土墙，以及加筋土挡土墙等形式。小流域常用的是重力式挡土墙，由砖、石、混凝土等材料砌筑而成，体积较大。重力式挡土墙依靠自重产生的抗倾覆力矩来平衡作用于墙背上的土压力引起的倾覆力矩，从而保持稳定。其结构简单，施工方便，易于就地取材。重力式挡土墙高度一般小于5m，在土质地基中，基础埋设深度不宜小于0.5m；在软质岩地基中，基础埋设深度不宜小于0.3m。为保证雨后墙体的强度，挡土墙需设置截水沟或泄水孔等排水设施。可沿墙体种植攀缘植物，既能稳定墙体，又能起到绿化美观的作用。

9.生态护坡(岸)

小流域内村庄道路两侧及河道两岸常存在破坏严重、裸露的土质边坡和岩石边坡，边坡坡面土质松散，岩石分化严重，稳定性差，为防止坡面水土流失，营造良好的生态景观，应采取护坡措施。传统的护坡形式有干砌石护坡、浆砌石护坡、混凝土护坡等，但随着对景观和环保意识的增强，结合新农村建设，小流域内宜更多采用生态护坡技术。

生态护坡机理是在坡面上栽种树木、植被、草皮等植物，通过植物根系发育，深入土层，使表土固结。植物覆盖坡面，不仅可以阻止地面径流，调节表土的湿润，防止扬尘风蚀和水土流失，而且可以美化景观，改善生态环境。小流域主要应用的生态护坡技术包括植草护坡、生态混凝土护坡、网格生态护坡、生态袋护坡等。

10.排洪工程

排洪沟(渠)是小流域村庄防洪排涝的主要工程措施，小流域现有排洪沟(渠)多数存在排污严重、垃圾淤积、缺少防护、水环境差等问题，既影响了行洪安全，又破坏了水生态健康，应对排洪沟(渠)进行综合整治。根据防洪标准计算洪峰流量，拓宽不符合行洪标准的沟(渠)道断面，保证行洪安全。实行雨污分流，将排入排洪沟(渠)的污水，利用埋设暗管暗渠的方式集中组织排污，防止污水的污染，净化排洪沟(渠)水源；有条件的地方，可与村庄附近的坑、塘等连接，进行雨洪水利用。排洪渠宜采用明渠形式，侧墙宜采用浆砌石或干砌石，渠道两岸宜进行生态护岸、植被绿化等措施。

11.蓄水工程

蓄水工程主要包括塘坝、水窖和蓄水池等小型水利工程。水窖是修建于地面以下并具有一定容积的蓄水建筑物，由水源、管道、沉沙、过滤、窖体等部分组成。水窖可以拦蓄雨水和地表径流，减轻水土流失，还可以为人畜饮水和旱地灌溉提供水源。

水窖要根据年降水量、地形、集雨坪(径流场)面积等条件因地制宜进行合理布局。在石质山区,多利用现有地形条件,在无泥石流危害的沟道两侧的不透水基岩上,加以修补,做成水窖,窖址应便于人畜用水和灌溉农田。

12. 生态农业

生态农业工程建设主要指减少农田化肥和农药造成的面源污染,实现农业清洁生产,指导农民科学使用农用化学品,推行测土配肥,保持化肥农药的合理使用水平,扩大生物肥料、生物农药覆盖面。

科学施肥工程:一是根据不同农田生态系统、不同作物和不同生长时期的养分需求特征,合理安排养分投入的比例和不同肥料品种的综合应用技术等,积极使用控释肥和测土配方施肥,减少肥料的投入量,提高养分的利用率;二是提倡秸秆和杂草还田,增加农家土杂肥等有机肥、生物肥施用比例,提高土壤有机质,减少土壤土质退化。

农药污染防治过程:一是禁止生产和使用国家明令禁止的农药,推广使用高效、低毒、易降解、低残留的生物农药和植物性农药,注重科学合理施用农药;二是大力推广生物防虫技术和机械物理防虫法,争取保护区内森林病虫害防治面积95%以上采用生物农药,利用昆虫的趋光性、对特定植物向趋性以及昆虫性外激素等进行诱杀。

13. 节水灌溉

为节约水资源,充分利用现有水资源和雨洪水,小流域内的山区果园、农地、城市绿地等,宜实施节水灌溉措施。适用本区的节水灌溉技术主要包括喷灌和滴灌。与普通地面灌水方法相比较,滴灌和喷灌不仅具有省水省工、提高作物产量和质量的优点,而且相对于水土保持而言,更具有保土、节地和适应性强的特点,节水灌溉不受地形坡度和土壤透水性的限制,可以不破坏土壤团粒结构,保持土壤的疏松状态,不产生土坡冲刷,使水分都渗入土层内,避免水土流失,且大大减少沟渠、田埂的占地,提高土地利用率。滴灌适用于小流域内各种土壤条件下的蔬菜、果树、花卉、温室等行播作物。喷灌不仅可以用于小流域内农作物以及花卉、草地等的灌溉,而且可兼作喷洒肥料、喷洒农药、防霜冻、防暑降温和防尘等用途。

14. 环境美化

在小流域内人类活动聚集区,特别是村庄,存在垃圾乱堆乱放、缺乏绿地、环境卫生较差等问题,对村庄进行绿化美化,是改善村民人居环境、实现农村环境整洁优美的重要环节。

对村庄道路两侧、场院等地的“五堆”(柴、土、粪、垃圾、建筑弃渣)应进行清理整治；对村庄四周、道路、水旁的原有树木应予保留，绿化主要应以造新补缺为主，以乡土树种为主，慎重引进新树种，适当增加经济林。对城镇、工业经济区等应以观赏树种为主，并注重乔、灌、花、草品种的配置，增加景观的层次性和季节性。

15.垃圾管理

目前一些村庄和旅游景区普遍存在未布设垃圾收集站，或布设的垃圾收集点（箱）和垃圾站数量偏少、间隔较远的现象，导致垃圾倾倒不方便，加之部分群众的环保意识不强，部分垃圾倾倒在路边和沟道内，影响周边环境，尤其在雨季，垃圾将会随洪水冲刷至周边的沟道和河渠，污染水质。因此，需根据村庄（旅游区）规模、人口、日产垃圾量等布置建设垃圾收集站点和垃圾收集箱。农村生活垃圾处理按照“资源化、减量化、无害化”的原则采用“户集、村收、镇运、县（市）或区域集中处理”的管理模式。

16.污水处理

污水来源主要是农村生活用水、畜禽养殖废水以及旅游餐饮污水、工业废水等。其特点为：点源较分散，排放量较大，距污水收集管网远，污水处理设施少；厕所多为旱厕，渗入地下，污染环境；雨季雨污合流，一般直接排入河道，对水环境造成危害；污染物以有机物、氮、磷等为主。

综合考虑小流域污水排放方式、排放特点以及污水处理设施建设和运行成本等因素，小流域污水处理主要采用以下三种处理模式：

第一，分散处理模式。主要适用于规模小（常住人口小于1000人）、布局分散、污水不易集中收集的村庄、养殖场或旅游区等，污水分散收集，每个区域单独处理，宜采用自然处理、小型污水处理设备（如WSZA型设备）等工艺形式；旅游区要设生态厕所（如微生物水循环厕所。

第二，集中处理模式。适用于规模较大的单村或联村，将农村生活污水通过污水管网收集后集中处理，可采用自然处理、常规生物处理等工艺形式。

第三，接入市政管网模式。将农村污水通过污水管线收集后输送至附近市政污水管网，就近接入市政污水处理厂进行集中处理，适用于距离卫星城、市政污水管网较近（3km以内）、符合接入高程要求的区域。

主要处理工艺技术有以下两种：

一是人工湿地系统。在一定长宽比及底面坡降的洼地中，由土壤和按一定坡度充填一定级别的填料（如砾石、碎石等）混合组成填料床，废水可以在床体的填料缝隙中流动，或在床体的表面流动。在床体表面种植具有处理性能好、成活率高、抗水性能强、生长周期长、美观且具有经济价值的水生植物（如芦苇、香蒲等），它与在水中、填料中生存的动物、微生物形成一个独特的动植物生态环境。污水流经床体表面和床体填料缝隙时，通过过滤吸附、沉淀、离子交换、植物吸收和微生物分解等实现对污水的净化处理。适用于周边有闲置的荒地或坑塘的村庄。

二是曝气生物滤池。是将生物接触氧化工艺与悬浮过滤工艺结合在一起的污水处理工艺。以滤池中填装的粒状填料(如活性炭、页岩陶粒、焦炭、炉渣、砂子等)为载体，在滤池内部进行曝气，使滤料表面生长大量生物膜，当污水流经时，利用滤料上所附生物膜中高浓度的活性微生物的强氧化分解作用以及滤料粒径较小的特点，充分发挥微生物的生物代谢、生物絮凝、生物膜和填料的物理吸附和截留以及反应器内沿水流方向食物链的分级捕食作用，实现污染物的高效清除，同时利用反应器内好氧、缺氧区域的存在，实现脱氮除磷的功能。曝气生物滤池技术适用于小流域内远离城市排水管网、处理规模较大的单村与联村污水集中处理。

小流域内污水处理后的出水水质应严格符合以下规定：直接排入附近水体，应符合《地表水环境质量标准》(GB 3838—2002)的规定，其中饮用水水源一级保护区范围内排放的污水执行Ⅱ类标准，二级保护区和其他汇水范围执行Ⅲ类标准；用于农田灌溉，应符合《农田灌溉水质标准》(GB 5084—2005)的规定；排入景观河道，应符合《城市污水再生利用景观环境用水水质》(GB/T 18921—2002)的规定。

17. 农路建设

小流域内的田间生产道路和村庄步道常存在路面不平整、径流冲刷严重等问题，需进行修整。田间生产道路面宽不宜超过 3m，坡度不宜超过 8°；地面坡度超过 8°的地方，道路应随山就势，盘绕而上，宜采用土质、渣石或沙砾石路面。小型村庄道路面宽不宜超过 2m，可为土道、铺石路或石板路等，铺石路或石板路的石块应互相咬合，路面平整。在农路路面两侧宜布置排水沟，防止路面积水；路边植树与村庄美化工程相结合，选择适宜树种，田间生产道两侧以低矮、经济树种为主，村庄步道以高大、景观树种为主，达到隔音、隔尘的效果。

18. 防护坝

当河(沟)道洪水对村庄、道路和农田造成威胁时，以村庄、道路和农田等作为防护对象，根据防护标准，修建护村坝、护地坝和护路坝等。护村坝和护路坝主要修建在容易遭受洪水危害的地方；护地坝主要修建在农田地坎边坡不稳定的地方。防护坝防洪标准宜采用 10 年一遇洪水，且与周边景观相协调。

19. 河(库)滨带治理

河(库)滨带是生态保护区的重要组成部分，在河流横向上是河流生态系统与陆地生态系统进行物质、能量、信息交换的一个重要过渡交错带，在河流纵向上能够增强沿河景观生态斑块之间的联系，在生物多样性保护中也具有重要意义。因此宜对河道两侧及湖库周边缓冲带内，自然植被遭受破坏的地段进行河（库）滨带治理。河（库）滨带治理措施主要包括河（库）滨带湿地修复和生态护岸，主要目的是修复受损河道，保护流域水源，恢复健康的河流生态系统，同时改善河流沿线自然景观，促进流域旅游和经济发展。

20. 河道治理

小流域河道常存在垃圾淤积、污水排放量大、水质较差、岸堤破损和防洪标准低等问题，影响行洪安全。因此，应对影响河（沟）道行洪安全的淤积物、违章设施、堆放物和垃圾等进行清理。河道清理整治应与河（库）滨带治理、湿地恢复、排洪渠（沟）、护坡等措施相结合，共同实现生态清洁小流域的治理目标。

21. 雨水利用

雨水利用工程具有水资源循环利用、补给地下水的作用，又能起到防洪的作用，在山区和城区分别采用不同的雨水利用工程。山区雨水利用主要结合五小水利工程，拦蓄雨洪，防治洪水和泥石流灾害。城区雨水利用工程按照因地制宜、“先入渗、再滞蓄、后排放”的原则进行，可采用人工湖、透水砖、回灌井等措施，对于雨落管可以直接与地下渗井、渗水管连接；在广场、社区庭院铺设透水砖；在道路两旁设置蓄渗雨水的渗沟、渗井；在城市低洼、立交桥下等重点严重积水地区，建设大型快速收集雨洪水的地下雨水滞留库等，收集的雨水可用于绿化、洗车、消防备用水源等。利用雨水回补地下水，不仅可以缓解水资源压力，还可以减弱城市的热岛效应。

22. 节点景观

节点景观是对旅游区、主城区和工业园区内以水或路为主轴线景观的诠释，结合景观主题和功能设置园林小品、雕塑、曲桥流水、亲水平台、景亭、跌水、廊架观鱼等，达到“一步一景、步移景变”的视觉效果。

（三）治理模式

不同小流域的自然地理概况、社会经济发展条件、水土流失及防治状况等各不相同，需要不同的水土流失综合防治措施体系，不同的土地利用方式和经济开发方向，推动形成了各具特色的小流域水土流失治理、保护与开发模式。小流域治理模式主要分为生态保育型、生态农业型、旅游经济型、工业绿地型、都市休闲型。

1. 生态保育型

生态保育型小流域治理的主要目的是涵养水源、减少水土流失，其主要特征为生态林所占比重较大，以生物措施（造林）为主，工程措施为辅。主要措施包括封山育林、疏林补植、退耕还林还草等措施。生态保育型小流域主要分布在作为饮用水水源水库和河流的周边及上游区域。

2. 生态农业型

生态农业型小流域治理是以改善人民生产、生活和生态环境为目的，工程措施和生物措施并重，包括坡面整治、砌筑树盘、节水灌溉、造林植草、环境美化、垃圾处理、污水处理和农路建设等措施。在特色林果种植区，适度发展观光农业，形成“山顶绿带飘，山间果缠腰，山底粮满仓”的生态小流域。生态农业型小流域主要分布在农业生产区。

3. 旅游经济型

旅游经济型小流域建设以绿色产业和休闲观光旅游为主，在具有山水、民俗旅游资源的小流域，充分利用当地资源开发旅游业，美化环境的同时带动当地经济发展。

4. 工业绿地型

工业绿地型小流域建设主要加强循环经济示范区和生态工业园区的生态环境建设，构建河道生态绿廊和工业景观，以体现工业文明与生态文明的完美结合及彰显国际特色为目的。主要是在保证防洪安全的情况下，进行工业绿地和节点景观建设等。

5. 都市休闲型

都市休闲型生态清洁小流域主要分布在城镇等人口密集区，小流域治理的目的主要是加强水生态文明城市建设，为人民提供一个休闲、舒适、优美的生活环境，打造人水和谐、人水相亲的宜居城市。

第三节　水生态环境修复技术

一、河流修复技术

河流是陆地表面成线形的自动流动水体。河流修复是指使河流生态系统恢复到被破坏前的近似状态，且能够自我维持动态均衡的复杂过程。河流修复技术多种多样，物理技术有河道引水技术、生态防渗技术、物理覆盖技术、人工增氧技术等；化学技术有投加絮凝剂促进污染物沉淀、加石灰脱氮、投加化学药剂除藻、调节 pH 值对重金属进行化学固定、原位化学反应技术等；生物一生态技术有微生物修复技术、水生动植物修复技术、人工湿地技术以及多自然型河流构建技术等。

(一)河道引水技术

河道引水技术是指引进外部清洁水源来改善河道水质。在水源允许的情况下,引进外部清洁的水源,增加河水水量,不仅可以人为地缩短水在河道中的停留时间,增加浮游植物的生物量,使污染河水不易黑臭同时水体复氧量也会增加,提高河道自净能力。引水的直接作用是加快水体交换,缩短污染物滞留时间,从而降低污染物浓度指标,使水体水质得到改善;水体的流动性加强了沉积物与水体界面之间的物质交换,提高水体自净能力。利用调水改善河道水质是一种投资少、成本低、见效快的处理工程。

(二)河道曝气技术

河道曝气技术是在适当位置向河水中进行人工充氧,加速水体复氧过程,使整个河道的自净过程始终处于好氧状态,提高水体好氧微生物活性,从而改善河流水质的过程。河道曝气复氧一般采用固定式充氧站和移动式充氧平台两种形式的曝气设备,包括叶轮式曝气机、水车式曝气机、射流式曝气机以及曝气复氧船等。

固定式曝气:当河水较深,需要长期曝气复氧,且曝气河段有航运或景观功能要求时,一般宜采用固定式充氧站,即在河岸上设置一个固定的鼓风机房或液氧站,通过管道将空气或氧气引入设置在河道底部的曝气扩散系统,达到增加水中溶解氧的目的。

移动式曝气:采用可以快速移动的曝气设备,其优点是可以根据曝气河段水质的变化和航运要求,灵活调整曝气强度和曝气位置,使曝气更为经济、高效。河道曝气在国内外河道治理中应用很广。

(三)河道稳定塘

稳定塘对污水的净化过程与自然水体的自净过程相似,是一种利用天然净化能力处理污水的生物处理设施。用于河水处理的稳定塘可以利用河边的洼地构建,对于中小河流(不通航、泄洪),还可以直接在河道上筑坝拦水构建河道滞留塘。河道稳定塘的类型有好氧塘修复、曝气塘修复、水生植物塘修复和养殖塘修复这四种类型。

(四)人工湿地技术

人工湿地技术主要是将被污染的河水有控制地投配到生长有芦苇、香蒲等水生植物的湿地上,污水在沿一定方向流动过程中,经过水生植物和土壤的作用得以净化。

人工湿地一般分为两类:表流湿地(自由水面人工湿地)和潜流型人工湿地。

1.表流湿地(自由水面人工湿地)

在表面流湿地系统中,水面位于填料表面以上,水深一般为0.3～0.5m;湿地中种植挺水型植物(如芦苇等)。向湿地表面布水,水流在湿地表面呈推流式前进,在流动过程中,与土壤、植物及植物根部的生物膜接触,通过物理、化学以及生物反应,污水得到净化,并在终端流出。

2.潜流型人工湿地

潜流型人工湿地可分为水平潜流人工湿地、垂直潜流人工湿地和复合流人工湿地。

人工湿地由四部分组成:防渗层、基质层、腐殖层、水层和湿地植物。

①防渗层:阻止污水向地下水体的渗透;可选用的材料有黏土、高分子材料;湿地底部的沉积污泥层可形成天然防渗层。

②基质层:提供植物生长所需的基质;为污水的渗流提供良好的水力条件;为微生物提供良好的生长载体。一般采用砾石、土壤或砂。

③腐殖层:为微生物提供良好的生长载体过滤作用,可去除污水中的悬浮物,能作为反硝化的碳源;一般由落叶、枯枝、微生物和小动物的尸体组成。

④水层和湿地植物:提供污染物降解的场所;提供水生动物栖息地;净化水中污染物。

二、湖泊修复技术

湖泊是四周陆地所围成的洼地,是与海洋不发生直接联系的静止的水体,而人工湖泊则被称为水库。湖泊水库的修复主要强调恢复水生态系统的服务功能、恢复受损或受干扰湖泊水库水生态系统的结构和生态功能等两个方面。湖泊水库水质恶化主要有两个原因:一是外界输入的大量营养物质在水体中富集;二是内源性负荷。因此湖泊水库修复可从外源性污染物质的控制和内源性污染物质的控制两方面展开。外源性污染物的控制技术主要有清洁生产、退耕还林、改变消费模式、废水集中处理技术等;内源性污染物的控制技术主要有稀释和冲刷、底泥疏浚和覆盖、水力调度技术、气体抽提技术、空气吹脱技术、投加石灰法、水生植物修复技术、生物调控技术、生物膜技术、微生物修复技术、仿生植物净化技术、土地处理技术、深水曝气技术等。外源性污染物控制技术中的清洁生产和内源性污染物控制技术中的底泥疏浚都是修复湖泊水库的有效技术。

(一)清洁生产技术

清洁生产是指通过原材料和能源的调整替代、工艺技术的改进、设备装备的改进、过程控制的改进、废弃物的回收利用、产品的调整变更等措施,达到污染物的源头削减、过程控制、提高资源利用效率的目的,减少或者避免生产和产品使用过程中污染物的产生和排放,以减轻或者消除对人类健康和环境有危害的技术。清洁生产技术主要包括源头控制、过程减排和末端循环类技术。源头削减应尽量采用无污染、少污染的能源和原材料;过程减量应尽量采用消耗少、效率高、无污染、少污染的工艺和设备;末端循环时对必须排放的污染物,采用回收、循环利用技术,回收其中有利用价值的资源。清洁生产可以产生环境和经济双重效益,使得汇入湖泊水库中的外源性污染物浓度大大减少,达到修复的目的。

(二)底泥疏浚技术

底泥是湖泊水库中的内污染源,有大量的污染物质积累在底泥中,包括营养盐、难降解的有毒有害有机物、重金属离子等。底泥中的有害物质释放到水体中会使水质急剧恶化。底泥疏浚可以彻底去除其中的有害物质。一般有两种疏挖形式:一种是把水抽干,然后用推土机和刮泥机进行疏挖;另一种是采用带水作业。第一种方法存在一定的技术限制,第二种方法应用性更强。带水疏挖可以采用机械式疏挖,也可以采用水力式疏挖。疏浚技术主要包括确定疏挖底泥体积、选择挖泥机、计算压头和功率、设计底泥堆放场以及底泥利用等几个部分。疏浚时应注意防止底泥泛起以及底泥的合理处置,避免二次污染。欧洲多国均采用过该技术对湖泊水库进行修复,并且效果显著。

滇池草海进行的底泥疏浚清淤工程,共耗资人民币 2.5 亿元,对面积为 2.828km^2 的湖底进行了疏浚,挖泥量达 424 万 m^3。底泥疏浚工程完成后,有关监测部门在 1999 年 5 月对草海中心的有关参数进行了监测,监测结果显示,草海中心的总氮、总磷和叶绿素 a 浓度分别达 13.03mg/L、1.2mg/L 和 639.41mg/m^3,与挖泥前 1994—1996 三年平均值 4.21mg/L、0.60mg/L 和 119.17mg/m^3 相比均有大幅度增加。2000 年平均生化需氧量、化学需氧量、总氮、总磷与 1998 年相比分别增加 15%、60%、57%和 92%。

三、湿地修复技术

湿地是处于陆地生态系统和水生生态系统之间的转换区,具有独特水文、土壤、植被与生物特征的生态系统。湿地修复指通过生态技术或生态工程对退化或消失的湿地进行修复或重建，再现破坏前的结构和功能，以及通过相关的物理、化学和生物学过程，使其发挥应有的作用。湿地修复技术可按照物理、化学和生物技术进行划分。物理技术包括土壤渗滤法、调水冲洗法；化学技术包括混凝法、中和法、氧化还原法、吸附法、离子交换法、电渗析法；生物技术包括湿地植物净化法、生物膜吸附法等。由于化学方法容易对湿地生态系统造成新的污染，所以相关技术应用不广泛。土壤渗滤法和生物膜吸附法是两项比较新的技术，应用性也较强。

(一)土壤渗滤法

湿地土壤是湿地植物生长发育的基质，在此发生了各种物理化学反应，利用湿地土壤对水环境污染物的过滤特性，可以达到水环境改善的目的。研究表明，湿地土壤在垂直方向上对氮和磷有很强的过滤截留作用。对氮素过滤、截留起主要影响作用的土壤因子是黏土含量、有机质含量和总氮含量，对磷素起主要影响作用的土壤因子是黏土含量、有机质含量、pH 值和含水量。该技术具有简单易行、费用低的特点，应用性较强。

(二)生物膜吸附法

在一定的酸碱条件下，生物膜对于湿地水环境中的重金属具有一定的吸附作用。根据湿地的理化性质设计生化池，可采用连续水的动态自然挂膜培养方式，微生物在填料上缓慢生长和繁殖，生物膜会逐渐变厚。生物膜上含有丰富的藻类和原生动物，先吸附原水中的有机物、氨氮等污染物，再进一步被膜上的微生物分解、吸收、代谢而去除。

四、地下水修复技术

地下水是指存在于地表以下岩(土)层空隙中各种不同形式水的统称。地下水具有多种功能，与人类生活密切相关。随着工农业的快速发展和人民生活水平的提高，地下水受到了严重污染。因此，对受污染的地下水环境进行修复变得越来越重要。地下水修复技术可大致归并为四类，即物理技术、化学技术、生物技术和复合技术。物理技术包括水动力控制法、流线控制法、屏蔽法、被动收集法、水力破裂处理法等；化学技术包括有机黏土法和电化学动力修复技术；生物技术包括原位生物修复技术(如 BS 技术)和异位生物修复技术(如堆肥式处理法、预制床法、厌氧处理法、生物反应器法等)；复合技术包括可渗透反应墙法、抽出处理法、注气土壤气相抽提(SEV)法。复合法修复技术兼有以上两种或多种技术属性，如抽出处理法，同时使用了物理修复技术、化学修复技术和生物修复技术，综合各种技术的优点，在修复地下水时更加有效。

(一)抽出处理技术

抽出处理技术简称P&T技术,是最常规的污染地下水治理方法。该方法采用水泵将含水层中地下水面附近的地下水抽取出来,把水中的有机污染物质带回地表,然后用地面污水处理技术对其进行净化处理,最后将处理好的水重新注入地下或排入地表水体,以防止地面沉降或海水入侵,并且可以加速地下水的循环流动。地面污水处理方法很多,最常用的包括以下七种:沉淀、膜分离、交换树脂、活性炭吸附、空气吹脱、化学氧化和生物降解。由于液体的物理化学性质各异,P&T技术只对有机污染物中的轻非水相液体祛除效果明显,而对于重非水相液体来说,治理耗时长而且效果不明显。该方法存在操作繁琐、时间长、成本高的问题,需要长期监测和维护。而且,一旦抽水停止,污染物浓度又会升高,不能从根本上解决问题。

(二)可渗透反应墙法

近几年,随着研究的深入,可渗透反应墙法被认为是替代传统抽取处理方法的一种有效方法。该技术广泛用于处理地下水中的有机和无机污染物,它具有能够较长时间持续原位处理、处理组分较多、价格相对便宜等优点,因此近年来受到越来越多的关注。

可渗透反应墙法(PRB)是用于原位去除地下水及土壤中污染组分的方法。美国环保署发行的《污染物修复的PRB技术》手册将PRB定义为:在地下安置活性材料墙体以便拦截污染羽状体,使污染羽状体通过反应介质后,其污染物能转化为环境接受的另一种形式,从而实现使污染物浓度达到环境标准的目标。

实际上,污染组分是通过天然或人工的水力梯度被运送到经过精心放置的处理介质中,污染物与介质发生物理、化学或生物作用,如降解、吸附、淋滤或者去除溶解的有机质、金属、放射性以及其他的污染物质,从而得到清洁的地下水。墙体可能包含一些用于降解挥发的有机质,用于滞留重金属的螯合剂,用于提高微生物的生物降解作用的营养及氧气,以及其他组分。

第二章 水生态建设的阐述

水生态文明是生态文明的重要内容和基础保障，即人类在处理与水的关系时应达到的文明程度。水生态建设的核心是人与自然和谐相处，重中之重是水资源的节约，关键所在是水生态保护，重要目标是与经济建设、社会发展相协调。

第一节 水生态建设的提出及其内涵

一、水生态文明的提出

对水生态领域的认知和探究，从引入“生态”这一概念之后，国内学者才开始逐步对生态领域展开探索。后来，有学者提出了一个新理念，即建设生态城市必须对社会、自然、经济多个体系进行综合考虑。随着各国学者对生态研究的不断深入，面对现实存在的环境问题，我国提出了要走文明发展道路。随着提出要建设生态文明，我国相关学者开始着力于此方面的探索，相关研究成果百花齐放，理论和技术研究突飞猛进。为贯彻中共中央精神，近年来，国内一些城市提出了要建设生态城市，但是都没有从更高层面认识这一先进理念，实践的重点仅仅是放在一些大气环境治理、城市绿化工作上，未能很好地将水生态纳入城市建设中。

二、水生态文明的内涵

第一，水生态文明是倡导人与自然和谐相处的文明，应当坚持可持续发展的科学发展观，着力解决人口增加和经济社会高速发展引发的水问题，其中节约水资源是重中之重。郝少英提出水生态建设的关键在于水生态保护，水生态建设与经济建设、社会发展一起是实现可持续发展的重要保障。

第二，水生态文明是在充分尊重水的自然属性、经济属性、社会属性的基础上，通过进行水资源的开发、利用、治理、配置、节约和保护，并在这些活动中实现人与水、人与人、人与社会的和谐，使有限的水资源能够更好地支撑经济、社会的可持续发展所逐步积累起来的一系列物质财富和精神财富。

第三，把促进经济、社会和水生态三者和谐统一的水生态文明概括为：水生态系统自身是否健康，自身结构是否合理，功能能否得到正常发挥，能否保持足够的活力和恢复力，能否维系大自然固有的生态平衡；水生态系统对人类来说是否健康，能否满足人类用水的基本需求，能否维持社会稳定和可持续发展；水生态系统能否在保持健康的前提下，创造出满足人类需要的生态效益和经济效益。

水生态文明具有系统性和针对性，应从自然环境、水利活动、社会经济文化三个层面及其之间的联系理解水生态文明的内涵。自然环境是水生态文明产生和发展的基础条件，具体包括地形地貌、气候、水系水资源、生态系统等。环境的变迁直接影响人类文明的生存和发展，自然环境的状态是评价区域水生态文明可持续性的表征性指标。水利活动是水生态建设的核心环节，是连接自然环境变迁和社会经济发展的纽带。自然区分地貌，社会区分城市、农村，行政上分层级更系统，通过人为调节水资源的时空分布，除水害、兴水利，促进社会经济文化的发展，同时直接或间接地影响自然地理环境变迁。社会经济文化可持续发展是水生态建设的最终目标，社会经济文化的发展对水利工作提出更多需求和更高标准。

第二节　水生态建设的定义与内涵

一、水生态建设的定义

要想准确理解水生态建设的含义，我们首先要把握水生态文化的内涵。水生态文化是人类社会改造利用水生态系统和经济社会发展过程中所形成的一切与水生态有关的精神和物质成果的总称，具体可分为三个层级：一是表层水生态文化，指人类社会改造利用水生态系统和经济社会发展过程中所形成的涉水工程、水商品及市场与水生态有关的艺术及景观等；二是中层水生态文化，指人类社会改造利用水生态系统和经济社会发展过程中所遵循的规则和建立的制度、机制等；三是深层水生态文化，指人类对水生态系统中各要素的性质、功能、演化规律以及与水的关系等属性规律的认识。

在深入把握水生态文化三个层级的基础上，对水生态建设作出如下定义：水生态建设是指为了实现水生态文明所采取的一切建设活动，是一个动态塑造过程，最终使水生态系统不断处于健康、和谐、可持续发展的文明状态。水生态建设是科学配置、节约利用和有效保护水资源以实现水资源的永续利用，有效保护和综合治理水环境以提升水环境质量，有效保护和系统修复水生态以增强水生态服务功能的一项系统工程。水生态建设是生态文明建设最重要、最基础的内容。当前，迫切需要大力推进水生态建设，并将之作为生态文明建设的先行领域、重点领域和基础领域。

二、水生态建设的内涵

(一)核心是“和谐”

水生态文明理念提倡的文明是人与自然和谐相处的文明，要求坚持以人为本、全面协调可持续发展的科学发展观，解决由于人口增加和经济社会高速发展出现的洪涝灾害、干旱缺水、水土流失和水污染等水问题，使人和水的关系达到一个和谐的状态，使宝贵有限的水资源为经济社会可持续发展提供永远的支撑。由此可见，仅仅把水生态文明理解为“保护水生态”是不全面的，我们倡导的水生态文明的核心是“和谐”，包括人与自然、人与人、人与社会等方方面面的和谐。

(二)根本是水资源管理

水资源管理是水生态建设的主要手段，管理在人们的日常生活以及工作中发挥着重要的作用，做好管理工作，能够更好地约束人们的行为，规范工作的流程和秩序，从而尽量避免一些不必要问题的发生，进一步提高工作质量，有利于取得人们满意的结果。在水生态文明的建设过程中，同样也需要重视水资源管理的工作，因为这是推动其文明建设的根本，只有加强管理，采取必然的措施，才能更为合理的实现水资源的配置。

(三)重点是水资源节约

当前我国水资源面临的形势十分严峻，水资源短缺问题日益突出，已成为制约经济社会可持续发展的主要瓶颈。水资源节约是解决水资源短缺的重要之举，是构建人水和谐的生态文明的重要措施。推进水生态文明的重点工作是厉行水资源节约，构建节水型社会，这是建设水生态文明的重中之重。

(四)水生态保护是关键

在水生态建设的过程中，加强水生态的保护是重点，因为它的建设依靠的是一系列的活动，而这些活动几乎都与保护水资源有关。所以，只有加大水生态保护的力度，才能不断地完善水资源生态系统。加强水资源的保护与利用，还能使生态破坏严重的地区得以修复，更好地促进人与自然的和谐发展。由此可见，水生态的保护是水生态建设的关键。

（五）水生态文明理念是基础保障

水生态文明的理念是水生态建设的基础保障，理念能够给予人以指导，能够以其为依据开展一系列的活动，可以说，它就是中心的思想，取得的结果也必然与之有关。在水生态的文明建设过程中，只有遵循水生态的文明理念，具备生态优先、统筹兼顾的发展理念，才能加强水生态文明的建设，促进水生态环境的和谐发展。

第三节　水生态建设的目标与任务

一、水生态建设的目标

（一）总体目标

水生态建设的总体目标为：通过水生态文明试点建设，进一步落实最严格的水资源管理制度，优化水资源配置，着力加强水资源保护，改善水功能区水质，实现水生态系统的良性循环，深化水管理体制改革，推进水景观建设，深挖水文化内涵，全面提升城市文明水平，基本具备水生态文明城市特征，促进城市经济活力，实现“供排有序、山川清秀”的总体目标，建设成环境优美、人水和谐、宜居幸福的绿色生态型城市。

（二）试点期目标

试点期是水生态建设的重要阶段，这一阶段的目标为：水利薄弱环节建设实现新突破，完成生态文明示范区建设；进一步健全水法规体系，确立“三条红线”和“四项制度”，继续深化水务一体化改革，进一步完善市场经济调节机制，不断提高公众参与程度；保证城乡饮用水水质全面达标，供用水总量保持在合理水平，水资源配置体系进一步优化，地下水开采量控制在允许范围，各行业用水效率进一步提高；点、面源污染排放得到控制，区域水生态保护格局得到确立，水功能区水质达标率明显提高，重点区域生物多样性得到改善，水土流失状况得到治理；水调控水平、水管理能力、水环境及水生态质量显著提升，初步实现水生态文明。

二、水生态建设的任务

水生态建设是将生态文明的理念融入水资源开发、利用、治理、配置、节约、保护的各个方面和各个环节，坚持节约与保护优先、以自然恢复为主的方针，以落实最严格的水资源管理制度为核心，通过优化水资源配置、加强水资源节约保护、实施水生态综合治理、加强制度建设等措施，实现水资源的高效持续利用，促进人、水、社会的和谐发展和可持续发展。

水生态建设的基本目标是要实现山青、水净、河畅、湖美、岸绿的水生态修复和保护。水利部出台了一系列关于水生态建设的意见要求及纲要，提出水生态建设的重要意义、目标原则及主要工作内容，强调了水生态建设试点工作的总体要求及组织实施方案，坚持以“人水和谐、科学发展、保护为主、防治结合、统筹兼顾、合理安排、因地制宜、以点带面”为基本原则，为进一步加快开展全国水生态建设试点工作提供了基础支撑。

具体而言，国家层面水生态建设的主要任务应涵盖以下几个方面。

(一)落实最严格的水资源管理制度

把落实最严格的水资源管理制度作为水生态建设的核心，加快健全覆盖流域和省、市、县三级行政区域的用水总量控制、用水效率控制、水功能区限制纳污控制“三条红线”，严格用水总量控制，加快确立水资源开发、利用、配置与保护策略，强化用水需求和用水过程管理；严格控制用水总量，加强建设项目水资源论证及取水许可审批管理，切实做到以水定需、量水而行、因水制宜；严格用水效率控制，强化用水定额和用水计划管理，严格限制水资源短缺地区、生态脆弱地区发展高耗水行业；加强水功能区限制纳污管理，强化水功能区监督管理；加强饮用水水源地保护，推进水生态系统保护与修复。

(二)优化水资源配置

加快推进“四横三纵、南北调配、东西互济、区域互补”的国家水资源配置格局；重点推进规划确定的河湖水系连通骨干工程建设，加强区域河湖水系连通，构建布局合理、生态良好、引排得当、循环通畅，蓄泄兼筹、丰枯调剂、多源互补、调控自如的江河湖库水系连通体系；加快实施重点水源工程建设，积极开展调水引流、生态修复、排污口整治、河湖清淤等水资源保护工程建设。

(三)强化节约用水管理

将节约用水贯穿于经济社会发展和群众生产、生活的全过程，全面优化用水结构，转变用水方式，降低水资源消耗；完善和落实高效节水灌溉技术措施，加强工业节水技术改造，合理确定工业节水目标，大力推广城乡生活节水器具，发展非常规水资源开发利用,支持低碳产业和低能耗、低水耗行业发展。

(四)严格水资源保护

严格控制入河湖排污总量,加强水功能区和入河湖排污口监督管理,从严核定水域纳污容量,实施水功能区分级分类监督管理,建立水功能区水质达标评价体系,全面落实全国重要江河湖泊水功能区划;严格饮用水水源地保护,进一步强化水源地应急管理;严格地下水开发利用总量和水位双控管理,加强地下水水量、水质监测,实施超采区综合治理,防治地下水污染。

(五)推进水生态系统保护与修复

充分考虑基本生态用水需求,维持河流合理流量和湖泊、水库及地下水的合理水位,维护河湖健康生态;从源头防治水污染与水质恶化,注重源头防控—中端控制—终端治理措施并重,努力实现工业废水、污水和城乡生活污水的全面处理;加大生态保护力度,综合运用调水引流、截污治污、河湖清淤、生物控制等措施,采取全方位、立体化方式,加强对重要生态保护区、水源涵养区、江河源头区和湿地保护区的保护和修复,打造绿色长廊,涵养水源;推进水土综合治理与生态修复,统筹规划建设沿江(沿河)绿化带、小流域生态保护区、生态旅游区,构建绿色生态人文环境。

(六)加强水利工程建设中的生态保护

强化水利工程建设与生态系统保护和谐发展的目标,改变以往单纯强调水利工程建设带来的经济效益而忽视工程建设对生态系统影响的观念,科学编制水利工程建设规划;在水利工程建设过程中突出对生态环境的保护,加强生态技术护岸、护坡等措施以及实施严格的河湖治理与管理制度,构建水利工程建设与生态系统保护和谐发展的新局面。

(七)提高水资源保障和支撑能力

水资源安全保障是水生态建设的根本目标。在功能上,要强化防洪保安及供水安全保障能力。在工作上,实施水务一体化管理,加强政府引导作用,引入市场推动机制,同时强调科技创新支撑及法治政策保障;将资源消耗环境损害、生态效益纳入经济社会发展评价体系,建立体现生态文明要求的目标评价体系,形成适应水生态文明理念要求的制度体系,保障水生态建设的顺利实施与推进。

(八)广泛开展水生态文明宣传教育

水生态文明是水环境和水生态不断改善的体现,需要社会各界和广大民众共同参与才能取得实效,需要全面加强社会伦理、道德与文化建设,使人民群众自觉参与水生态建设实践。为此，要营造和创新水文化氛围，传播与弘扬水文化，广泛引导全社会参与建设生态文明社会和水生态文明城市。通过水生态文明宣传教育，应使全社会增强节约意识、环保意识、生态意识，营造爱护生态环境的良好社会风气，让水生态文明理念深入人心。

第三章 推进水生态建设的战略对策

第一节 划定水生态保护红线，加强水生态空间管控

生态空间，一般指生态系统维护其结构稳定和功能健全所需占据的空间范围。作为国土空间的一种，生态空间指以提供生态产品和生态服务为主体功能的空间。与水有关的生态空间(以下简称“水生态空间”)是指水的形成、迁移、转化等水循环过程所需的场所和维持水循环和保障水安全的各类生态空间。加强水生态空间管控，对于维系流域、区域生态平衡、保障生态安全方面具有的重要作用。

长期以来，受自然来水情况的变化和人类活动加剧的影响，水生态空间面积逐渐萎缩，而其中以人类活动导致的影响为主。据不完全统计，20 世纪 40 年代末以来，长江大通以上中下游地区有 1/3 以上的湖泊面积被围垦，因围垦而消亡的湖泊达 1000 余个，因围垦减少湖泊容积超过 500 亿 m^3，相当于淮河多年平均年径流量的 1.1 倍。近 50 年来，我国西部青藏高原和蒙新高原两大湖区消失湖泊数量达 126 个，消失湖泊面积超过 7400km^2。受人类防洪蓄水工程建设和湖泊围垦利用等因素影响，湖泊与江湖自然水力联系被大坝或涵闸阻断。针对日益严峻的水生态空间萎缩问题，必须通过建立水生态保护红线制度，加强水生态空间管控。

一、要全面开展水生态空间基础情况调查

以全国主体功能区规划为依据，在生态功能分区等的基础上，开展全国水生态空间基础信息调查评价，摸清全国水生态空间本底状况；结合水功能区划、岸线功能区划等，统一研究合理界定各类水生态空间的功能定位，开展水生态空间用途划定；加快健全水生态空间顶层设计，鼓励各省率先推进水生态空间专项规划试点，研究制定水生态空间专项规划编制技术指南和技术规范。

二、要明确需要保护的各类水生态空间

生态保护红线指：在空间上，为保证生态系统生存和生态服务提供等基本要求，

需要保证的核心面积的边界线。为此可以认为水生态保护红线包括五类:河湖生态空间红线、洪水调蓄区红线、水源涵养区红线、水土流失预防保护区红线、饮用水水源地保护区红线。这五类红线围定的生态空间,对于维持水循环过程的稳定、水生态系统的健康和保障经济社会水安全,具有不可替代的作用。

三、要根据生态功能属性和保护目标确定生态保护红线范围

在确定需要保护的各类水生态空间后,通过空间叠加分析等方法,取外包值确定总的水生态空间范围。针对不同生态空间的功能属性,结合相关等对于各类自然生态空间的保护目标要求,按照需要与可能相结合的原则,根据主导生态功能和生态系统服务功能的重要程度,明确水生态空间中需要保护的核心区域。核心区域以严格保持自然状态、严禁人类活动为主要目标。现阶段可以以核心保护区边界线为主划定水生态保护红线,部分地区也可根据管控的需要和可能,适当扩大红线范围。

四、依据相关法律和事权责任划定生态保护红线

按照“统一准则、分类指导、分级划定”的原则,依法划定有关的生态保护红线。根据国家关于生态保护红线制度的总体安排,由水利部在组织开展有关试点工作的基础上,统一水生态保护红线定义、划定原则、划定流程、主要方法和管控制度等通用性的规范准则,制定水生态保护红线的顶层设计体系;省、市级人民政府和水行政主管部门,根据国家制定的准则和具体办法,划定本辖区内水生态保护红线,定桩划界并成图公布。

五、建立完善水生态保护红线管控制度

通过建立严格的生态准则,制定有关的负面清单,明确水生态保护红线的控制性指标等措施,形成用于水生态保护红线管控的一整套制度体系。同时要把生态保护红线制度同干部离任审计和责任追求制度相结合,确保生态保护红线可监测、可度量、可控制、可考核。加强有关的法律法规建设,确保水生态保护红线有法可依。同时,对于目前已经生活在红线范围内的人口和产业,要研究制定有关政策措施,合理有序地退出。

第二节　实施水资源消耗总量和强度双控行动，全面建设节水型社会

水资源是保障一个国家经济社会可持续发展的基础性和战略性资源，自 20 世纪 50 年代以来，经过多年的努力，我国基本建成了初具规模的水资源配置体系，为经济社会发展和人民生活改善提供了重要的支撑和保障。我国以占世界 6%的淡水资源、9%的耕地，基本保障了约占世界 20%人口的粮食安全、供水安全和经济安全。

特殊的国情水情，决定了我们必须走一条水资源节约集约利用的道路。随着产业结构调整、技术进步、用水管理和节水水平提高，我国用水效率明显提高。目前万元国内生产总值用水量、万元工业增加值用水量分别达到了 104m^3 和 58m^3，农田灌溉水有效利用系数较 2000 年提高了 9 个百分点。近 30 年来，我们以年均 1%的用水低增长支撑了年均近 10%的经济高速增长。但要看到的是，我国的用水效率效益与国际先进水平相比仍有差距：万元国内生产总值用水量、万元工业增加值用水量与国际先进水平 70m^3 和 25～40m^3 相比仍明显偏高，低效率的水资源利用方式与并不优越的水资源禀赋条件不符，也与节水型社会和生态文明建设要求不相适应，必须通过落实最严格水资源管理制度，实施水资源消耗总量和强度双控行动，不断推进节水型社会建设步伐。

一、强化节水约束性指标管理

严格落实水资源开发利用总量、用水效率和水功能区限制纳污总量“三条红线”，实施水资源消耗总量和强度双控行动，健全取水计量、水质监测和供用耗排监控体系。加快制定重要江河流域水量分配方案，细化落实覆盖流域和省、市、县三级行政区域的取用水总量控制指标，严格控制流域和区域取用水总量。健全节水技术标准体系。将水资源开发、利用、节约和保护的主要指标纳入地方经济社会发展综合评价体系，县级以上地方人民政府对本行政区域水资源管理和保护工作负总责。加强最严格水资源管理制度考核工作，把节水作为约束性指标纳入政绩考核，在严重缺水的地区率先推行。

二、强化水资源承载能力刚性约束

加强相关规划和项目建设布局水资源论证工作，国民经济和社会发展规划以及

城市总体规划的编制、重大建设项目的布局，应当与当地水资源条件和防洪要求相适应。严格执行建设项目水资源论证和取水许可制度，对取用水总量已达到或超过控制指标的地区，暂停审批新增取水。强化用水定额管理，完善重点行业、区域用水定额标准。严格水功能区监督管理，从严核定水域纳污容量，严格控制入河湖排污总量，对排污量超出水功能区限排总量的地区，限制审批新增取水和入河湖排污口。强化水资源统一调度。

三、推进重点领域节水

加大农业节水力度，建立与水资源条件相适应的农业发展方式；积极推广喷灌、微灌、低压管道输水灌溉等高效节水技术，推进高效节水灌溉区域化、规模化、集约化发展。深入开展工业节水，加强用水定额管理，限制高用水、高排放、低效率、产能过剩项目盲目发展；大力推广工业水循环利用、高效冷却、热力系统节水、洗涤节水等通用节水工艺和技术，创建节水型企业。加强服务业和城镇生活节水，加快城镇公共供水管网改造，强化用水计量，降低供水管网漏损率。

四、强化水资源安全风险监测预警

健全水资源安全风险评估机制，围绕经济安全、资源安全、生态安全，从水旱灾害、水供求态势、河湖生态需水、地下水开采、水功能区水质状况等方面，科学地评估全国及区域水资源安全风险，加强水资源风险防控。以省、市、县三级行政区为单元，开展水资源承载能力评价，建立水资源安全风险识别和预警机制。抓紧建成国家水资源管理系统，健全水资源监控体系，完善水资源监测、用水计量与统计等管理制度和相关技术标准体系，加强省界等重要控制断面、水功能区和地下水的水质水量监测能力建设。

第三节 推进绿色水利工程建设，构建生态友好型水利基础设施网络

水利基础设施是保障经济社会发展、群众生产生活、生态环境改善的重要基础。新中国成立以来，特别是改革开放以来，党和国家高度重视水利工作，开展了大规模的水利建设，截至目前，全国建成水库约 9.8 万座、规模以上引(进)水闸 1.1 万座、规模以上具有供水功能的泵站约 6 万处、规模以上地下水取水井 445 万眼，建成一批重

大引调水工程，初步形成了水资源调配与供水保障基础设施体系，正常年份可形成6000亿m^3的供水量。堤防建设近30万km，是新中国成立之初的7倍，重要城市防洪标准达到100～200年一遇。城乡供水能力大幅提高，共建有农村供水工程6000余万处，受益人口约8亿人。这些水利基础设施为民生改善、经济发展、社会稳定作出了巨大贡献。

但也要看到，由于受观念意识、技术水平等的制约，这些水利基础设施在保障水安全、改善生态环境等方面仍有差距。工程设计和建设对于生态影响考虑有限，影响了一些河流的连通性和生物多样性。当前，在推进生态文明建设的大背景下，要充分考虑工程建设带来的累积性影响，在提升水利基础设施对经济社会发展的保障能力基础上，不断推进水利工程的绿色化进程，构建生态友好型水利基础设施网络。

一、完善水利工程科技创新体系

围绕保障国家水安全，实施一批水利重大科技项目，重点在水资源节约利用、水生态保护与修复、重大水工程、水灾害防治与风险管理、应对气候变化等方面，深入开展有关工程建设的科学研究，加强综合节水与非常规水资源利用、水循环信息精准监测与预报技术、水资源系统多目标智能化调度、水旱灾害防治与风险管理、复杂条件下大型水工程建设与安全运行、河湖综合整治与水沙调控等关键技术的攻关。加强先进实用技术示范和应用，推进水工产品和装备科技创新。积极组建水利国家实验室和工程技术研究中心。

二、推进规范标准的生态化改造

在对现有水利工程相关规范标准梳理的基础上，推进传统规范标准的生态化改造，加快水生态保护与治理等有关规范标准的制定。按照生态文明建设的要求，系统分析传统水利工程设计施工规范标准的不足之处，重点梳理工程建设对于水文、生物、环境等的影响方式和程度，研究提出可能的规避和减免影响的措施途径，依此推进有关规范标准的修订。针对水生态保护、治理、修复等生态文明建设对水利行业提出的新要求，加快推进有关规范标准的制定，尽快形成系统完善的绿色水利规范标准体系。

三、推进绿色水利工程建设

充分借鉴国外先进的工程技术，结合我国特点和需求，采用生态工程技术推进现有水利工程建设。推进水库闸坝的绿色化，在充分考虑河流水文生态过程的基础上，加强水库闸坝的生态调度，尤其注意闸坝对于水生生物栖息地和洄游等的影响，制定相应的措施。推进生态化堤防护岸建设，在保障防洪安全、满足防洪标准的基础上，结合地区特点，因地制宜地推进生态护岸建设，提升河流横向连通性。推进农田灌溉工程绿色化，结合测土配方、节水灌溉等技术，减少农田灌溉化肥农药施用量，降低农业面源对于河湖生态的影响。

四、提升水利工程的综合效益

充分发挥水利工程在供水、防洪、生态、文化等方面的综合效益。深入细致地摸清古渠、古堰等古老水利工程、水利文物等传统水文化遗产的内容、种类和分布等情况，利用传统水利工程来宣传介绍中华民族自古以来的节水爱水惜水护水的用水理念。挖掘现有工程的综合效益，通过挖潜增效、提质升级等措施，发挥传统的供水、防洪等工程在生态、景观、文化等方面的综合作用。

第四节　加强流域综合整治，推进水陆统筹的生态流域建设

流域是陆域水循环的空间载体，是水问题的集中反映区域。长期以来一些流域不合理的开发利用导致了流域水问题突出。海河、黄河、辽河流域水资源开发利用率分别高达106%、82%和76%。部分区域水生态系统受损严重，京津冀地区永定河、大清河等主要河道发生断流，区域水生态系统严重损害，水生态功能损失殆尽。西北内陆河等生态脆弱河湖下游尾闾面临生态消亡、植被退化。部分流域水污染问题突出，有些地区甚至出现了“红豆水”“牛奶河”情况。水短缺、水污染、水灾害、水生态退化等问题呈现出相互交织的态势，从点向面，从水向陆，从局部向流域发展。

针对日益复杂严峻的流域水问题，在生态文明建设的理念要求下，必须统筹兼顾、综合施治。树立山水林田湖是一个生命共同体的思想，坚持以流域为单元，以水为核心，针对水资源、水灾害、水环境、水生态等方面存在的突出问题，把水资源、水环境、水生态承载能力作为流域发展的刚性约束，把保障流域水安全作为根本目标，通过山水林田湖的综合治理，努力实现一江清水永续利用，促进流域生态文明建设与经济社会可持续发展。

一、推进江河流域综合整治

以防洪、水污染、水生态问题较为突出的河湖为重点，统筹考虑水灾害、水生态、水环境等问题，加快推进江河流域综合整治。因地制宜地实施河道治理、清淤疏浚，打通阻隔、生态修复，打造河湖绿色生态廊道，保护恢复河湖生态系统及功能，努力打造安全型、生态型河流水系。综合运用节水减排、截污治污、河湖清淤、水系连通、生态调度、自然修复等措施，加快推进水污染严重河湖综合治理，改善水质状况。

二、全面强化陆域治理与保护

推进水土流失治理，加强重要江河源头区、重要水源地和水蚀风蚀交错区等重点区域水土流失防护和治理。在水土流失严重区域开展以小流域为单元的山水田林路综合治理，实施清洁小流域建设，加强坡耕地、侵蚀沟及崩岗综合整治。推进海绵城市建设，通过城市规划引领，推广海绵型公园和绿地，推进海绵型建筑和相关基础设施建设，完善地下综合管廊及排水管网、泵站等设施。

三、推进江河流域水系连通

坚持恢复自然连通与人工连通相结合，以自然河湖水系、调蓄工程和引排工程为依托，以水资源紧缺、水生态脆弱和水环境恶化地区为重点，构建布局合理、生态良好，引排得当、循环通畅，蓄泄兼筹、丰枯调剂，多源互补、调控自如的河湖水系连通体系。实施农村河道堰塘整治和水系连通，通过清淤疏浚、岸坡整治、河渠连通等措施，建设生态河塘，改善农村生活环境和河流生态，建设美丽宜居乡村。

四、完善流域管理体制机制

进一步明晰流域与区域、中央和地方水利事权划分，推动政府主导与社会参与的水治理体制改革。建立各方参与、民主协商、共同决策、分工负责的流域议事协调机制和高效执行机制，协调好流域水资源开发利用与保护、防洪安全保障与水能资源、航道岸线等开发利用的关系。推进城乡水务一体化管理，统筹城乡水利基础设施建设，推进水利基本公共服务均等化。

第五节 实施地下水保护与综合治理，全面提升地下水战略储备能力

地下水资源是淡水资源的重要组成部分，其由于水质好、分布广泛、便于就地开采利用等优点，对经济社会发展具有不可替代的支撑作用。同时，地下水还是生态环境的重要组成要素，与岩石圈、大气圈、水圈、生物圈有着千丝万缕的联系，有良好的调蓄功能，可以平衡丰枯年水资源的利用，具有很高的生态价值和经济价值。

由于长期不合理的开发利用，我国地下水超采严重，全国有21个省区存在地下水超采问题，全国超采区面积约为30万km^2；华北平原地区长期超采地下水，形成了12万km^2的漏斗区；目前全国平均每年超采地下水170亿m^3，累计超采量已达2300亿m^3，相当于全国平原区地下水年可开采量的2倍。地下水超采引发了地面沉降、地面塌陷及地裂缝、海(咸)水入侵、土地荒漠化、泉水衰减等一系列严重的生态环境问题，也造成地下水的战略、应急储备功能严重受损或丧失。另外，废污水排放、固体废弃物堆放以及农药和化肥使用，造成地下水污染问题加剧，威胁城乡居民饮水安全。新时期在新老水问题交织的复杂形势下，围绕系统提升水资源承载能力、全面保障国家水安全的战略需求，迫切需要加快地下水的保护与综合治理。

一、严格地下水开采总量和水位双控制

抓紧建立覆盖省、市、县三级行政区域的地下水开采总量控制指标体系，开展水位划定工作，逐步建立水位控制制度。对开采总量已达到或超过总量控制指标的地区，暂停审批建设项目新增取水；对开采总量接近总量控制指标的地区，限制审批建设项目新增取水。严格控制开采深层承压地下水，深层承压地下水原则上只作为应急和战略储备水源。加强水源置换，合理配置地表水、地下水，逐步实现地下水采补平衡。实施地下水回灌补源工程，提高地下水战略储备能力。

二、深入推进地下水超采区治理与修复

划定地下水超采区，核定并公布地下水禁采和限采范围。华北地区依托引江引黄等工程，结合调整种植结构及退减灌溉面积等休养生息措施，逐步削减地下水开采量；东北地区实施高效节水改造，结合部分工程措施，压减部分城市的地下水超采；西

北地区通过退减灌溉面积、发展高效节水灌溉等措施,压减北疆、东疆、河西以及关中平原等地区的地下水超采。东南沿海地区结合地表水源的开发利用,压减长三角、珠三角等地区的深层承压水开采。

三、实施地下水水质保护与修复

开展全国地下水污染情况调查评价,划定地下水污染防治重点区域,严格区域内废污水排放、垃圾填埋场、加油站、矿坑排水、农药化肥使用等管理。针对地下水饮用水水源实施安全防护、污染源清理、水质监测监控措施,保障地下水饮用水水源地的供水安全。针对垃圾填埋、矿山开采、石油化工行业生产等地下水污染重点区域,借鉴国外地下水污染修复技术,采用原位修复、异位修复等措施,开展地下水污染修复试点。

第六节　推进重大水生态文明制度建设,创新水资源环境管理体质机制

近年来,虽然在简政放权、投融资体制、水权水价、监管体制等领域的改革取得新的进展,但总体上看,统一高效协调的水治理体系尚不完善,水资源要素对转变经济发展方式的倒逼机制尚未形成,初始水权尚未分配到位,水权、水价等市场机制在资源配置节约保护中的作用没有充分发挥,政府市场两手发力的水治理体制机制还不够健全,与国家治理体系现代化的要求还有很大差距。加快重大水生态文明制度建设,是落实《生态文明体制改革总体方案》战略部署的必然要求,是发挥市场配置资源决定性作用和更好地发挥政府作用的基础和前提,是推进水生态文明建设的关键支撑,对转变发展方式、倒逼产业结构调整、节约利用资源、保护水生态空间具有至关重要的作用,对完善现代水治理体系具有重要意义。

一、建立健全水流产权制度

在水流产权试点基础上,进一步加快推进江河水量分配,根据水资源用途管制、总量控制指标和节约用水要求,在取水许可基础上,积极推进水资源使用权确权登记,将水资源使用、收益的权利落实到取用水户,建立和完善水权配置体系。明确水域、岸线等水生态空间的边界及功能区划,依法划定管理范围;明确水生态空间的所有权,划定不同层级政府分级行使的所有权边界;进一步明确水域、岸线等水生态空

间的使用权。研究制定水权交易管理办法，探索多种形式的水权流转方式，积极培育水市场，逐步建立国家、流域、区域层面的水权交易平台，加强水权交易监管。

二、完善水资源有偿使用制度与水流生态保护补偿制度

全面推进水资源费改革，推进水资源费改税。着力推进农业水价综合改革，合理核定农业用水价格，建立农业用水精准补贴制度和节水激励机制。落实城镇居民用水阶梯价格，非居民用水超计划、超定额累进加价制度，缺水城市实行高额累进加价，适当拉开特殊用水行业与其他行业的差价。推进供水工程管理单位向大用户直接供水，探索直供水实施政府指导价或协商定价。合理制定再生水价格，制定鼓励再生水利用的政策，提高水资源循环利用水平。研究出台《全国水流生态保护补偿机制建设工作方案》。通过财政转移支付、项目投入、设立生态补偿基金以及推动区域内横向补偿等方式，加快建立江河源头区、集中式饮用水水源地、重要河流敏感河段和水生态修复治理区、水产种质资源保护区、水土流失重点预防区和重点治理区、大江大河重要蓄滞洪区以及具有重要饮用水水源或重要生态功能的湖泊等的水流生态保护补偿机制。建立建设项目占用水域补偿制度，研究制定超计划超定额用水和挤占生态用水的相关补偿政策。

三、探索建立水生态文明绩效考核和责任追究制度

加快水资源资产负债表编制试点，制定水资源资产负债表编制指南，建立实物量核算账户，定期评估水资源资产变化状况。积极探索领导干部水资源资产离任审计的目标、内容、方法和评价指标体系，建立领导干部水资源资产离任审计制度。在此基础上，严格责任追究，推行水资源、水生态环境损害责任终身追究制。

第七节 加强水资源水环境监测预警体系建设，着力推进水治理能力现代化

信息化是国家治理体系和治理能力现代化的重要引领和关键支撑。水利信息化是水资源管理、水环境保护、水土保持、防洪减灾等发展的重要手段和技术支撑，是提高水利工程建设与运行管理效能、水利管理工作效率和决策水平的重要途径，是实现水利现代化的必然选择。水资源环境监测预警系统是水利信息化的关键组成要素和

重要的基础支撑。

当前，我国水资源水环境管理的基础设施薄弱，监控手段缺乏，管理调度方式落后，制约水治理能力的现代化发展。由于取用水户未实现实时监控，用水效率难以管控；水功能区和入河排污口监测能力不足，难以监管入河排污总量和入河污染物总量，较难实现水功能区监督管理，制约水功能区水质达标率的考核与管理；行政边界断面水量水质在线监测设施缺乏，无法监管区域用水总量，也难以落实区域节能减排责任；河湖水域岸线等生态空间监控能力不足，严重影响水生态保护与修复工作。强化水资源水环境监测预警体系建设，建设布局合理、功能齐全、高度共享、智能高效的水资源环境综合监测预警体系，对于全面提升水生态文明能力，推进水资源、水生态环境风险管理，落实新时期国家大数据战略等具有重要意义。

一、强化水资源环境基础信息监控

统筹考虑水资源管理、水生态保护、水环境治理、突发性应急水事件处理等多层次发展需求，进一步优化水情雨情、水利工程、水旱灾害等基础信息监测站网，继续完善江河湖泊水环境质量、饮用水水源地、水土流失、水生生物多样性等水生态环境基础信息监测站网。加快工业用水户、灌区等取用水在线监测体系建设。充分应用物联网、雷达遥测、视频监控等新技术手段，加快信息实时监测与自动采集，构建天地空一体化基础信息采集系统。

二、加快推进水生态空间管控体系建设

以推动河湖智能管理与调度为抓手，在现有生态监测站网基础上，加快优化完善河湖水域岸线、水源涵养区、水土流失预防保护区、饮用水水源地保护区、洪水调蓄区等五大类水生态空间的监测站网体系。建立国家水生态空间监控平台，充分运用大数据、云处理、物联网等信息化手段，加强对监测数据的集成分析与综合应用，实现基础信息管理、运行管理、巡查、监管、考核、公众参与等功能的一体化。

三、建立水资源承载能力监测预警体系

在试点基础上，科学核算全国县域水资源承载能力，研究制定水资源承载能力预警控制线和响应线。在水资源环境监控体系基础上，建立水资源承载能力动态数据库和计量、仿真分析以及预警系统。定期开展承载能力监控与评估，根据评估结果合理确定产业规模，科学引导产业结构和产业布局调整。建立水资源承载力公示制度。

强化水资源承载能力预警应对与执法监管。

第八节　实施水情教育行动，培育绿色和谐水文化

自古以来，生态伦理思想就是中国传统文化的主要内涵之一，儒家、道家等各家学派也将生态哲学、生态文明理念蕴含其中，中华文明的生态智慧是生态文明的重要组成部分。建设生态文明，必须大力倡导先进的生态文化观，营造良好的生态文化氛围。发达国家和地区在保护水生态、管理水资源方面，非常重视运用形式多样的宣传教育来提高公众的参与程度，依靠全社会的力量共同实现对水生态保护与水资源管理的目标。

与发达国家比较系统、相对成熟的水情教育相比，我国对水情教育的重要性和必要性认识不到位，水情教育的软硬件设施严重不足，特别是近年来受一些因素影响，出现水生态环境保护的观念意识逐渐淡漠、敬水爱水护水的传统意识理念淡化的问题，反映本身特色的水元素丢失，悠久的水文化遗迹渐遭破坏，工程建设占据大量的人与自然的交流空间，和谐的亲水环境日益减少，中华水文化传承危机日益增大。水情教育是国情教育的重要组成部分，立足我国基本国情水情，面向公众开展水情教育，增强全民水安全、水忧患、水道德意识，凝聚社会共识，促进形成人水和谐的社会秩序，形成治水兴水合力，是推进水生态文明建设的必然要求。

一、将水情教育纳入国民教育体系和干部教育培训体系

加强对学校水情教育工作的指导，推动水情教育纳入中小学课程体系，指导学校将水情教育纳入“校本课程”；鼓励学校遴选相关课程教师参与水情培训，提升师资水平；鼓励学校组织学生通过参观水情教育基地、水利工程设施，考察河流湖泊等方式，参与实践活动。组织水情教育进机关活动，推动将水情教育纳入各级各地党校和干部培训课程，通过多种渠道和方式，使领导干部、公务员和专业技术人员准确把握中央治水方针和相关政策，把水资源节约保护和水安全意识贯穿到具体工作中。

二、推动绿色和谐水生态文明主流价值观培育

积极培育水生态文化、水生态道德和水生态行为，开展水生态文化创新，把生态

文明纳入社会主义核心价值体系，弘扬生态文明主流价值观，形成人人、事事、时时崇尚生态文明的社会新风尚。倡导节水、洁水的消费观，推动全民在衣、食、住、行、游等方面加快向勤俭节约、绿色低碳、文明健康的方式转变，培育绿色生活方式，不断提高全民水生态文明素养。

三、鼓励公众积极参与水生态文明建设

建立健全水生态环境信息公开制度体系，建立水生态环境信息的发布平台，保障公众对水生态文明建设信息的知情权。健全举报、听证、舆论和公众监督等制度。建立符合水生态文明要求的水资源保护公益诉讼制度，建立水资源损害评估机制和原告胜诉奖励机制。建立健全水生态环境信访维权机制，建立生态保护义务监督员和生态环境公益组织参与现场执法行动的机制，建立快速受理处置水环境污染、水生态破坏投诉的机制，引导水生态文明建设各类社会组织健康有序发展。

第四章 水环境污染治理基础知识

水污染是由于某些有害化学物质的混入，或者由于温度的升高而造成水的使用价值降低或丧失而造成的环境污染。污水是指受到一定污染的来自生活和生产的排出水。污水处理是采用各种必要的技术和手段，将污水中的污染物质分离出去，使水质得到净化。

第一节 水体水质状况

我国生态环境部通报了全国地表水、湖泊水库、地下水、近岸海域以及几个重要海湾的水质状况。

地表水主要包括长江、黄河、珠江、松花江、淮河、海河、辽河七大流域和浙闽带河流、西北诸河和西南诸河。

全国地表水Ⅰ类水质断面比例2015年比2014年同比下降0.6%，2015年是新环保法实施第一年，全国地表水达到或好于Ⅲ类水质的断面比例为64.5%，比2010年提高了14.6%，劣Ⅴ类水质比例下降6.8%，近八成劣Ⅴ类水体集中于淮河流域、海河流域、辽河流域、黄河流域。总体上，水质稳中趋好，良好水体保护形势严峻。

全国61个重点湖泊(水库)主要污染指标为总磷、化学需氧量和高锰酸盐指数。地下水超标指标为总硬度、溶解性总固体、铁、锰、“三氮”(亚硝酸盐氮、硝酸盐氮和氨氮)、氟化物、硫酸盐等，个别监测点有砷、铅、六价铬、镉等重(类)金属超标现象。地下水水源地主要超标指标为铁、锰和氨氮。近岸海域主要污染指标为无机氮和活性磷酸盐。

第二节 水环境污染及其危害

一、固体污染物及其危害

固体污染物指人类活动所产生的各种固体废弃物，如工业生产和矿山开采过程的各种废弃物、城市的生活垃圾、农作物的秸秆、家畜的粪便以及船舶有意投弃的固体废弃物，如碎木片、空瓶、旧鞋、废旧轮胎、废矿渣、破旧汽车等。除了上述的工业生产和矿山开采过程中的废弃物、农作物的秸秆等之外，其中最引人注目的是城市的生活垃圾。有人做过统计，在发达国家平均每人每天产生1～2kg垃圾。

水中固体污染物质主要是指固体悬浮物。水力冲灰、洗煤、冶金、屠宰、化肥、化工、建筑等工业废水中都含有悬浮状的污染物，大量悬浮物排入水中，造成水的外观恶化、浑浊度升高，颜色改变。悬浮物沉于河底淤积河道，危害水体底栖生物的繁殖，影响渔业生产；沉积于灌溉的农田，则会堵塞土壤孔隙，影响通风，不利于作物生长。

二、有机污染物及其危害

农药的使用大多采用喷洒形式，使用中约有50%的滴滴涕以微小雾滴形式散布在空间，就是洒在农作物和土壤中的滴滴涕也会再度挥发进入大气。在空中滴滴涕被尘埃吸附，能长期飘荡，平均时间长达4年之久。在这期间，带有滴滴涕的尘埃逐渐沉降，或随雨水一起降到地表和海面。据有关学者测定，在每平方千米的面积上，每年有20g滴滴涕沉降下来。这样，一年沉降在世界海洋表面上的总量就达到2.4×10^4t，有人估计，以往各国生产的2.8×10^6t滴滴涕，已经有1/4约7×10^5t到达海面了。也有人估计，通过大气进入海洋的滴滴涕约占生产量的5%～6%，通过河流进入海洋的滴滴涕约占生产量的3%。

海洋中的多氯联苯主要是由于人们任意投弃含多氯联苯的废物带进去的。同时，在焚烧废弃物过程中，多氯联苯经过大气搬运入海也不可忽视，仅在日本近海，多氯联苯的累积量已经超过了1万吨。

由于滴滴涕这一类氯代烃主要是通过大气传播的，因此目前地球上任何角落都有滴滴涕存在。据有关资料报道，企鹅体内也检查出有滴滴涕和多氯联苯。在北极圈附近生存的北极熊和海豹，体内也发现多氯联苯。

三、油类污染物及其危害

油类污染物主要来自含油废水。水体含油达0.01mg/L即可使鱼肉带有特殊气味而不能食用。含油稍多时，在水面上形成油膜，使大气与水面隔离，破坏正常的充氧条件，导致水体缺氧，同时油在微生物作用下的降解也需要消耗氧，造成水体缺氧。油膜还能附在鱼鳃上，使鱼呼吸困难，甚至窒息死亡。当鱼类产卵期，在含油废水的水域中孵化的鱼苗，多数产生畸形，生命力低弱，易于死亡。含油废水对植物也有影响，妨碍光合作用和通气作用，使水稻、蔬菜减产。含油废水进入海洋后，造成的危害也是不言而喻的。

四、重金属污染物及其危害

水的重金属污染主要由工业生产中产生的含有重金属的废水排入江河湖海造成，这些工业包括纺织、电镀、化工、化肥、农药、矿山等。重金属在水体中一般不被微生物分解，只能发生生态之间的相互转化、分解和富集，重金属在水中通常呈化合物形式，也可以以离子状态存在，但重金属的化合物在水体中溶解度很小，往往沉于水底。由于重金属离子带正电，因此在水中很容易被带负电的胶体颗粒所吸附。吸附重金属的胶体随水流向下游移动。但多数很快沉降。由于这些原因，大大限制了重金属在水中的扩散，使重金属主要集中于排污口下游一定范围内的底泥中。沉积于底泥中的重金属是个长期的次生污染源，而且难治理。每年汛期，河川流量加大和对河床冲刷增加时，底泥中的重金属随泥一起流入径流。

重金属排入海洋的情况和数量，各不相同，如汞主要来自工业废水和汞制剂农药的流失以及含汞废气的沉降。汞每年排入海洋约有 1×10^4t。铅在太平洋沿岸表层水中浓度与 30 年前相比增加了 10 倍以上，每年排入海洋的铅约有 1×10^4t。近年来镉对海洋的污染范围日益增大，特别在河口及海湾更为严重。近年有的国家发现在 100 海里之外的海域也受到镉的影响。铜的污染是通过煤的燃烧而排入海洋。每年，全世界锌通过河流排入海洋高达 3.03×10^6t。目前，在海洋中砷的污染虽然较小，但在污染区附近污染程度十分严重，这是由于海洋生物一般对砷具有较强的富集力，砷的污染对人类的危害也较大。铬的毒性与砷相似，海洋中铬主要来自工业污染。在制铬工业中，如果日处理 10t 原料，那么每年排入海洋的铬约有 73～91t。

重金属污染的危害中，汞对鱼、贝危害很大，它不仅随污染了的浮游生物一起被鱼、贝摄食，还可以吸附在鱼鳃和贝的吸水管上，甚至可以渗透鱼的表皮直到体内，使鱼的皮肤、鳃盖和神经系统受损，造成游动迟缓、形态憔悴。汞能影响海洋植物光合作用，当水中汞的浓度较高时，就会造成海洋生物死亡。汞对人体危害更大，尤其是甲基汞，一旦进入人体，肝、肾就会受损，最终导致死亡。镉一旦进入人体后很难排出，当浓度较低时，人会倦怠乏力、头痛头晕，随后会引起肺气肿、肾功能衰退及肝脏损伤，而当铅进入血液后，浓度达到 80μg/mL 时，人就会中毒。铅是一种潜在的泌尿系统的致癌物质，危害人体健康。海洋中铜、锌的污染会造成渔场荒废，如果污染严重，就会导致鱼类呼吸困难，最终死亡。

五、有毒污染物及其危害

废水中有毒污染物主要有无机化学毒物、有机化学毒物和放射性物质。

无机化学毒物主要指重金属及其化合物。很多重金属对生物有显著毒性，并且能被生物吸收后通过食物链浓缩千万倍，最终进入人体造成慢性中毒或严重疾病。

有机化学毒物主要指酚、硝基物、有机农药、多氯联苯、多环芳香烃、合成洗涤剂等，这些物质都具有较强的毒性。它们难以降解，其共同的特点是能在水中长期稳定地留存，并通过食物链富集最后进入人体。如多氯联苯具有亲脂性，易溶解于脂肪和油中，具有致癌和致突变的作用，对人类的健康构成了极大的威胁。

海洋中的放射性核素，有天然放射性核素和人工放射性核素，前者存在于自然界，后者是人类活动造成的。放射性污染物种类繁多，其中较危险的有锶 90 和铯—137 等，这些核污染物半衰期长达 30 年左右，因此可以利用它们来跟踪环境中放射性物质。由于大部分试验都是在北半球进行的，因此北半球放射性物质的降落比南半球高得多。

六、生物污染物及其危害

生物污染物是指废水中含有的致病性微生物。污水和废水中含有多种微生物，大部分是无害的，但其中也含有对人体与牲畜有害的病原体。如制革厂废水中常含有炭疽杆菌，医院污水中有病原菌、病毒等。生活污水中含有引起肠道疾病的细菌、肝炎病毒、SARS 冠状病毒和寄生虫卵等。

七、营养物质污染物及其危害

有机物污染主要来自食品、化肥、造纸、化纤等工业的废水以及城市的生活用水。海洋中有机污染物除了小部分由航行船只排入的生活污水之外，绝大部分由沿岸、江河带入海洋，污染源都在沿岸。如黄渤海沿岸有食品厂、酒厂、屠宰厂、粮食加工厂等约 110 家，每年排出富含营养有机物的废水达 400 多万吨，沿岸城镇人口每年排出生活污水有 3.6×10^{9} t，仅上海市每个排污口排入东海的生活污水达 4.5×10^{5} t。此外，农业上使用的粪肥和化学肥料很容易被雨水冲刷流失，最终也归入海洋，如每年北方沿海各县化肥使用量高达 70 多万吨，若有 20%～40% 排入海洋，则也有 1×10^{5}～3×10^{5} t。在这些污水中有机物含量很高，给水域带来大量氮、磷等营养盐。适当的营养盐将增加水域的肥沃度，给渔业资源创造有利条件，但如果营养盐过量，则水域富营养化或产生缺氧，将危害渔业。

海水富营养化会造成缺氧，使鱼贝死亡；助长病毒繁殖，毒害海洋生物，并直接传染人体；影响海洋环境，造成赤潮危害等，海域一旦形成赤潮后，就会造成水体缺氧，赤潮生物死亡后，又会消耗水中溶解氧，加剧海水缺氧程度，甚至造成海水无氧状态，导致海洋生物大量死亡。同时赤潮生物体内含有毒素，经微生物分解或排出体外，能毒死鱼虾贝等生物。赤潮还会破坏渔场结构，致使形不成渔汛，影响渔业生产。人类如果吃了带有赤潮毒素的海产品，会中毒，甚至死亡。

八、热废水污染及其危害

热废水来源于工业排放的废水，其中尤以电力工业为主，其次有冶金、石油、造纸、化工和机械工业等。一般以煤或石油为燃料的热电厂，只有1/3的热量转化为电能，其余的则排入大气或被冷却水带走。原子发电厂几乎全部的废热都进入冷却水，约占总热量的3/4。每生产1kW·h的电量大约排出1200Cal（Cal为废止单位，1Cal＝4186.8J）的热量。原子能发电站的发电能力一般为$2\times10^6\sim4\times10^6$kW，以$2\times10^6$kW的核电站计算，每天排出的废热可使$1.1\times10^7\,m^3$的水温升高5℃，而一座$3\times10^5$kW的常规发电站每小时要排出$6.1\times10^5\,m^3$的水量，水温要比抽取时平均高出9℃。

热废水对环境的危害主要是：导致水域缺氧，影响水生生物正常生存；原有的生态平衡被破坏，海洋生物的生理机能遭受损害；使渔场环境变化，影响渔业生产等。

第三节　水环境污染造成的损失

水体污染造成的损失包括以下方面。

①优质水源更加短缺，供需矛盾日益紧张。

②水体污染造成人们的死亡率及疾病增加，比如中毒、癌症、免疫力下降等。

③对渔业造成损害，迫使渔业资源减少甚至物种灭亡。

④污废水浇灌农田或储存于池塘、低洼地带造成土壤污染，严重地影响地下水。

⑤破坏环境卫生，影响旅游，加速生态环境的退化和破坏。

⑥加大供水和净水设施的负荷及营运费用，使水处理成本提高。

⑦工业水质下降，生产产品质量下降，造成工业损失巨大。

水污染对人体健康、农业生产、渔业生产、工业生产以及生态环境的负面影响，都会表现为经济损失。例如,人体健康受到危害将减少劳动力,降低生产效率,疾病多发需要支付医药费;对工农业、渔业产量和质量的影响更是直接的经济损失;对生态环境的破坏意味着对环境治理和环境修复费用将大幅提高。

世界银行曾对中国水污染所造成的损失作了估算,其结论是对人体健康的影响相当于经济损失约40亿美元(约300亿元人民币),水污染造成环境污染、生态破坏和其他公害,后果十分惊人,其直接损失一般占国民生产总值的1.5%左右。

第四节　污水处理的基本方法分类

一、物理处理法

重力分离法指利用污水中泥沙、悬浮固体和油类等在重力作用下与水分离的特性,经过自然沉降,将污水中密度较大的悬浮物除去。离心分离法是在机械高速旋转的离心作用下,把不同质量的悬浮物或乳化油通过不同出口分别引流出来,进行回收。过滤法是用石英砂、筛网、尼龙布、隔栅等作过滤介质,对悬浮物进行截留。蒸发结晶法是加热使污水中的水汽化,固体物得到浓缩结晶。磁力分离法是利用磁场力的作用,快速除去废水中难以分离的细小悬浮物和胶体,如油、重金属离子、藻类、细菌、病毒等污染物质。

二、化学处理法

化学处理法就是通过化学反应和传质作用来分离、去除废水中呈溶解、胶体状态的污染物或将其转化为无害物质的废水处理法。通常采用方法有:中和、化学沉淀、氧化还原、电解、电渗析法和超滤法等方法。

(一)中和

用化学方法去除污水中的酸或碱,使污水的pH值达到中性的过程称中和。

当接纳污水的水体、管道、构筑物对污水的pH值有要求时,应对污水采取中和处理。对酸性污水可采用与碱性污水相互中和、投药中和、过滤中和等方法。中和剂有石灰、石灰石、白云石、苏打、苛性钠等。对碱性污水可采用与酸性污水相互中和、加酸中和和烟道气中和等方法,使用的酸常为盐酸和硫酸。

酸性污水中含酸量超过4%时,应首先考虑回收和综合利用;低于4%时,可采用中和处理。

碱性污水中含碱量超过2%时，应首先考虑综合利用；低于2%时，可采用中和处理。

（二）化学沉淀

加入化学药剂，使污水中的一部分可溶物与之反应，变成不溶物而沉淀下来，得以与水分离。从化学反应来看属于氧化还原反应，但不是使用强氧化剂或还原剂，而是以沉淀物的形式与水分离，故称化学沉淀法。

对含有重金属的污水，加入石灰可以生成重金属的氢氧化物沉淀物或钙盐沉淀；如果加入硫化剂，可以生成重金属硫化物沉淀。比如能与H2S反应发生沉淀的金属有铜、银、汞、铅、镉、砷、金、铂、锑、钼、锌、钴、镍、铁等。

（三）氧化还原

污水中的有毒、有害物质在氧化还原反应中被氧化或还原为无毒、无害的物质，这种方法称氧化还原法。

常用的氧化剂有空气中的氧、纯氧、臭氧、氯气、漂白粉、次氯酸钠、三氯化铁等，可以用来处理焦化污水、有机污水和医院污水等。常用的还原剂有硫酸亚铁、亚硫酸盐、氯化亚铁、铁屑、锌粉、二氧化硫等。如含有六价铬（Cr^{6+}）的污水，当通入SO_2后，可使污水中的六价铬还原为三价铬。

（四）电解

电解法的基本原理就是电解质溶液在电流作用下，发生电化学反应的过程。阴极放出电子，使污水中某些阳离子因得到电子而被还原（阴极起到还原剂的作用）；阳极得到电子，使污水中某些阴离子因失去电子而被氧化（阳极起到氧化剂作用）。因此，污水中的有毒、有害物质在电极表面沉淀下来，或生成气体从水中逸出，从而降低了污水中有毒、有害物质的浓度，此法称电解法，多用于含氰污水的处理和从污水中回收重金属等。

（五）电渗析法

电渗析法是对溶解态污染物的化学分离技术，属于膜分离法技术，是指在直流电场作用下，使溶液中的离子作定向迁移，并使其截留置换的方法。离子交换膜起到离子选择透过和截阻作用，从而使离子分离和浓缩，起到净化水的作用。电渗析法处理废水的特点是不需要消耗化学药品，设备简单，操作方便。

(六)超滤法

超滤法属于膜分离法技术,是指利用静压差,使原料液中溶剂和溶质粒子从高压的料液侧透过超滤膜到低压侧,并阻截大分子溶质粒子的技术。在废水处理中,超滤技术可以用来去除废水中的淀粉、蛋白质、树胶、油漆等有机物和黏土、微生物,还可用于污泥脱水等。

三、物理化学处理法

(一)混凝

混凝是水处理的一个十分重要的方法。向水中投加混凝剂,以破坏水中胶体颗粒的稳定状态,在一定的水力条件下,通过胶粒间以及其他微粒间的相互碰撞和聚集,从而形成易于从水中分离的絮状物质的过程称混凝。

混凝过程可去除水中的浊度、色度、某些无机或有机污染物,如油、硫、砷、镉、表面活性物质、放射性物质、浮游生物和藻类等。

混凝剂种类很多,有无机盐类、高分子絮凝剂以及助凝剂等。一般情况下,应进行被处理水的混凝剂选择试验,来确定混凝剂的种类、投加数量和投加方式,或参照类似被处理水条件下的运行经验来确定。

混凝法可用于各种工业污水的预处理、中间处理或最终处理。

(二)吸附法

常见的吸附剂有活性炭、树脂吸附剂(吸附树脂)、腐殖酸类吸附剂。吸附工艺的操作方式有静态间歇吸附和动态连续吸附两种。在污水处理中,物理吸附和化学吸附是相伴发生的综合作用的结果,主要用来处理有机废水、含酚污水,或用于污水的深度处理。

(三)膜分离法

利用透膜使溶剂(水)同溶质或微粒(污水中的污染物)分离的方法称为膜分离法。其中,使溶质通过透膜的方法称为渗析;使溶剂通过透膜的方法称渗透。

膜分离法依溶质或溶剂透过膜的推力不同,可分为以下三类:

第一以电动势为推动力的方法,称电渗析或电渗透。

第二以浓度差为推动力的方法,称扩散渗析或自然渗透。

第三以压力差(超过渗透压)为推动力的方法有反渗透、超滤、微孔过滤等。

在污水处理中,应用较多的是电渗析、反渗透和超滤。

(四)萃取

利用某种溶剂对不同物质具有不同溶解度的性质,使混合物中的可溶组分,得到完全或部分分离的过程,称为溶剂萃取。这里要特别指出:所选的溶剂(萃取剂)必须与被处理的液体(如污水)不相溶,而对被萃取的物质具有明显的溶解能力。常用的萃取剂有重苯、二甲苯、粗苯等。萃取设备有隔板塔、填料塔、筛板塔、振动塔等,可视具体情况选择。

(五)离子交换

通过树脂进行离子交换,使污水中的有害物质进入树脂而被除去的方法称离子交换法,常用于处理含重金属污水和电镀污水。

四、生物处理法

(一)活性污泥法

活性污泥是以废水中有机污染物为培养基,在充氧曝气条件下,对各种微生物群体进行混合连续培养而成的,细菌、真菌、原生动物、后生动物等微生物及金属氢氧化物占主体的,具有凝聚、吸附、氧化、分解废水中有机污物性能的污泥状褐色絮凝物。活性污泥中至少有50种菌类,它们是净化功能的主体。污水中的溶解性有机物是透过细胞膜而被细菌吸收的;固体和胶体状态的有机物是先由细菌分泌的酶分解为可溶性物质,再渗入细胞而被细菌利用的。活性污泥的净化过程就是污水中的有机物质通过微生物群体的代谢作用,被分解氧化和合成新细胞的过程。人们可根据需要培养和驯化出含有不同微生物群体并具有适宜浓度的活性污泥,用于净化受不同污染物污染的水体。

(二)生物塘法

生物塘法,又称氧化塘法,也叫稳定塘法,是一种利用水塘中的微生物和藻类对污水和有机废水进行生物处理的方法。污水中的碳主要以溶解性有机碳形式进入稳定塘,无光照射时,死亡细菌、藻类沉入塘底,在厌氧作用下,分解成溶解性有机碳和无机碳。塘中不溶性有机碳在塘底厌氧条件下分解,进而转化为溶解性有机碳和无机碳。

污水中的氮主要分为有机氮化合物和氨氮两种形态。污水中的氮进入稳定塘后,首先有机氮化合物在微生物作用下分解为氨态氮。氨态氮在硝化细菌作用下,转化为硝酸盐氮。硝态氮在反硝化菌作用下,还原为分子态氮。在pH值较高、水力停留时间较长、温度较高条件下,水中氨态氮以 NH_3 形式存在,可向大气挥发。氨态氮或硝态氮可作为微生物及各种水生植物的营养，合成其本身机体，死亡的细菌和藻类经解体后形成溶解性有机氮和沉淀物。沉淀在厌氧区的有机氮在厌氧细菌作用下，也可分解。

(三)厌氧生物处理法

厌氧生物处理法是在无分子氧条件下，通过厌氧微生物(包括兼氧微生物)的作用，将污水中的各种复杂有机物分解转化为甲烷和二氧化碳等物质的过程，也称为厌氧消化。

利用厌氧生物法处理污泥、高浓度有机污水等产生的沼气可获得生物能，如生产1t酒精要排出约14m^3槽液，每立方米槽液可产生沼气18m^3，则每生产1t酒精排出的槽液可产生约250m^3沼气，其发热量相当于约250kg标准煤，并提高了污泥的脱水性，有利于污泥的运输、利用和处置。

(四)生物膜法

生物膜处理法的实质是使细菌和真菌一类的微生物和原生动物、后生动物一类的微型动物于生物滤料或者其他载体上吸附，并在其上形成膜状生物污泥，将废水中的有机污染物作为营养物质，从而实现净化废水。生物膜法具有以下特点：对水量、水质、水温变动适应性强；处理效果好并具良好硝化功能；污泥量小(约为活性污泥法的3/4)且易于固液分离；动力费用省。

(五)接触氧化法

接触氧化法是一种兼有活性污泥法和生物膜法特点的一种新的废水生化处理法。这种方法的主要设备是生物接触氧化滤池。在不透气的曝气池中装有焦炭、砾石、塑料蜂窝等填料，填料被水浸没，用鼓风机在填料底部曝气充氧。空气能自下而上，夹带待处理的废水，自由通过滤料部分到达地面，空气逸走后，废水则在滤料间格自上向下返回池底。活性污泥附在填料表面，不随水流动，因生物膜直接受到上升气流的强烈搅动，不断更新，从而提高了净化效果。生物接触氧化法具有处理时间短、体积小、净化效果好、出水水质好而稳定、污泥不需回流也不膨胀、耗电小等优点。

第五节　污废水处理技术发展

一、新型低能耗一体化 MBR 工程结构技术

新型低能耗一体化膜生物反应器(Membrane Bio Reactor，MBR)工程结构技术，

结合了以三池合一为核心的工程结构技术、以新型无机一有机复合膜为核心的成套装备技术、以高度智能化为特点的远程控制技术等。据此研发的小型污水处理成套设备，未来可以在农村畜禽养殖场、旅游景点、高速公路服务区、海岛等需要小型污水处理设施的地方广泛应用。此项技术与现有污水处理技术相比，具有能耗低、占地小、出水水质优良稳定、自动化程度高、可远程控制管理、工程造价低等优点，便于在城镇和农村推广，市场应用前景广阔。

二、价格低廉低能耗海水淡化技术

新型低成本的海水淡化膜技术，膜材料价格低廉，同时可以实现低能耗。该技术采用了渗透蒸发（又称渗透汽化，是有相变的膜渗透过程）的技术原理，研究人员开发出醋酸纤维素膜与其他组件相结合，并使用外部热源将膜透过组分汽化，从而达到过滤粒子和盐分的目的。该技术不仅能淡化海水，也能去除海水中的污物。这个技术目前在埃及、中东和北非大多数国家中使用，能够有效地淡化高浓度盐水，比如红海的水。然而，在把该技术投入实践之前，还是需要做大量工作的：首先该项目的学术研究工作必须先进行小规模初步试验，以证明该理论在大范围中可行；其次，如何处理过程中生成的废物也是一个问题。

三、好氧新技术

UTM 超高温生物干化工艺的核心菌种是北京绿源科创环境技术有限公司的专利菌种高能嗜热菌。这一菌种可有效打开污泥中的有机分子链，使污泥中的水分迅速挥发，污泥的含水率可降低到35%以下。相较于传统好氧发酵技术，该技术可使发酵温度低、发酵周期长、病原体和虫卵不能彻底杀灭的问题得到妥善解决，能实现污泥的无害化和稳定化处理。这一技术被列入科技部的“火炬计划”，被认为是“对传统好氧发酵工艺的创新”，使污泥稳定化、无害化后进行土地利用变为现实。

四、光催化技术

科研人员将金属酞菁与二氧化钛复合制备出一种新型光催化材料，能有效拓宽二氧化钛吸收光的波长范围，提高二氧化钛的光催化效率。该研究为光催化污水处理技术升级提供了新思路。

使用太阳能源的光催化能够产生活性很高的氧化活性物种，充分氧化有机污染物，是一种有效的降解方法，且成本很低。但光降解的材料大多利用紫外线进行作用，所以可见光到达地面时只有5%的利用率。重庆文理学院学生团队研制出“一种用于光催化氧化技术处理污水的系统”，已申请国家专利。他们找到一种利用可见光发生作用、适合重庆的光降解材料：将氯氧铋十硫化镉混合制成的材料，对可见光有反应，并对毒性较大的酚类、苯等有机物质能起到非常好的降解作用。

五、再生粉末活性炭污水处理技术

粉末活性炭处理污水不是新技术，但要大规模应用，首先必须降低污水中的悬浮物，还要解决过水量小的问题。而核心和难点是如何降低使用成本。在通行的粉末活性炭过滤罐的基础上，设计了一种适应粉末活性炭的全新的连续式粉末活性炭过滤罐，粉末活性炭滤芯在罐中布局巧妙。这种过滤罐可以不间断地长时间连续工作，一个过滤罐24h过滤1万吨“劣Ⅴ类”污水。

六、“可饮用书”

“可饮用书”是由弗吉尼亚大学和卡内基梅隆大学的科学家们合作研发的一款集书本和过滤器于一身的工具。它的书页上含有纳米银离子，水中的细菌等有害物质在渗过纸页时会被纸页中的银离子与铜离子吸附。一张过滤书页可以净化100L的水源。一本“可饮用书”就可以满足一个人4年的用水所需。在测试过滤了南非、加纳和孟加拉共和国的25处被污染水源后，该书被证实可以成功过滤掉污水中99%的细菌。研究者们称，过滤后的水源与美国标准自来水水质相近，有微量的银离子和铜离子在过滤中进入水中，但都符合标准。

七、新一代电吸附技术助化工废水零排放

“E十零排放”系列工艺技术是以当代先进的电极材料为核心，集成目前市场上成熟的膜处理技术、生化处理技术、蒸发技术等，形成“1＋N污废水处理技术系统”，其工艺特点是专长高硬高盐水的处理，具有无须软化除硬、处理过程简练、制水成本低廉、无二次污染、适用范围广等优点。其最大亮点之一是较传统工艺大大降低了“零”排放成本。若采用传统的RO＋MVR技术，要实现“零”排放，每吨水处理成本高达9.49元，而“E十零排放”工艺将每吨水处理成本降低到3.62元，较传统工艺下降60%以上。对于高耗水企业来说，实施废水“零”排放的可行性大大增加。

八、绿色高分子缓冲体系

上海科研人员研发出一种可以循环使用的、易分离的聚合物支载的pH缓冲体

系。他们提出一种固相缓冲剂的概念，并设计了一种高分子支载的共轭酸碱对，它完全不溶于水或者有机溶剂，通过离子交换机制来控制溶液的 pH 值。这种缓冲体系的后处理非常简便，仅仅运用过滤操作，就可以把高分子支载的缓冲剂完全从溶液中分离出来，而且这种高分子 pH 缓冲剂可以不经处理而连续循环使用。

第五章　水环境污染治理技术

第一节　工业废水处理方法

一、工业废水的物理处理

应用物理作用并且不改变废水成分的处理方法称为物理处理法。操作单元包括调节、离心分离、除油、过滤等。

(一)调节

调节的目的是减少和控制废水水质及流量的波动，以便为后续处理提供最佳条件。废水的产生有时是连续均匀的，但大多数情况下其产生量是随时间变化的。水处理过程需要有较均匀的给水才能取得较好的处理效果，因此，废水在给入水处理系统之前需要一定的调节设备。调节的主要方式为设置废水调节池。调节池的大小和形式随废水水量及其变化情况而不同。调节池的容积应足够大。调节池可以设计成用来调节废水的流量或质量浓度，也可以两者都进行调节，一般设计成两者均进行调节。调节流量时可以把调节池设计成出水量为常数，进水流量及池内水量是变化的。

(二)离心分离

离心分离是借助离心力，使相对密度不同的物质进行分离。由于离心机等设备可产生相当高的角速度，使离心力远大于重力，溶液中的悬浮物便易于沉淀析出；又由于相对密度不同的物质所受到的离心力不同，沉降速度不同，进而能使相对密度不同的物质达到分离。

用于水处理中的离心分离设备主要有水力旋流器、旋流池和离心机等。水力旋流器又称为旋流分离器，它的离心力是由于污水在水泵的压力或进出水的压头差作用下以切线方向进入设备，形成快速旋转而产生的。根据产生水流旋转的能量来源，可以分为压力式水力旋流器和重力式水力旋流器两种。离心机是利用惯性离心力来分离液态非均相混合物的机械，它和旋流分离器最大的区别在于离心机是通过设备自身的高速旋转产生的离心力作用来实现分离，而旋流分离器无转动部分。

(三)除油

根据油在水中存在状态的不同，利用密度差异而实现油水分离的技术称为除油。常见的除油装置为除油池，主要针对水中的浮油进行处理。除油通常包括平流式与斜流式除油池两种形式。

(四)过滤

过滤是在外力的作用下，悬浮液中的液体通过多孔介质的孔道，固体颗粒被截留下来，从而实现固体、液体的分离。

二、工业废水的化学处理

应用化学原理和化学作用将废水中的污染物成分转化为无害物质，使废水得到净化的方法称为化学处理。

操作单元包括中和、化学沉淀、药剂氧化还原、臭氧氧化、电解、光氧化等。

(一)中和

当酸或碱废水的体积分数很高(如在3%～5%以上)时，应考虑回用和综合利用的可能性；当体积分数不高(如小于3%)时，应考虑中和处理。中和常用的药剂包括石灰、石灰石、白云石、苏打、苛性钠、盐酸和硫酸等。

中和应考虑以下几个问题：

第一含酸或含碱废水所含酸类或碱类的性质、体积分数、水量及其变化规律；

第二寻找能就地取材的酸性或碱性废料，并尽可能加以利用；

第三本地区中和药剂和滤料(如石灰石、白云石等)的供应情况；

第四接纳废水水体性质、城市下水道能容纳废水的条件，后续处理(如生物处理)对pH的要求等。

(二)化学沉淀

向废水中投加某种化学物质，使其和水中某些溶解物质产生反应，生成难溶于水的盐类沉淀下来，从而降低水中这些溶解物质的含量，称为水处理中的化学沉淀。化学沉淀经常用于处理含汞、铅、铜、锌、六价铬、硫、氰、氟、砷等有毒化合物的废水。化学沉淀主要包括氢氧化物沉淀法、硫化物沉淀法、碳酸盐沉淀法和钡盐沉淀法等几种方法。

1. 氢氧化物沉淀法

采用氢氧化物作沉淀剂使工业废水中的许多重金属离子生成氢氧化物沉淀而得以去除，这种方法一般称作氢氧化物沉淀法。

氢氧化物沉淀与 pH 有很大的关系，金属氢氧化物的生成条件和存在状态与溶液的 pH 有直接关系。

此外，有些金属如锌、铅铬、铝等的氢氧化物为两性化合物，如 pH 过高，它们会重新溶解。

2. 硫化物沉淀法

工业废水中的许多重金属离子可以形成硫化物沉淀而被去除。由于大多数金属硫化物的溶解度比其氢氧化物的要小得多，采用硫化物可使重金属较完全去除。

硫化物沉淀法常用的沉淀剂有硫化氢、硫化钠、硫化钾等。

重金属离子的物质的量浓度和 pH 有关，随着 pH 增加而降低。虽然硫化物沉淀法比氢氧化物沉淀法可更完全地去除重金属离子，但是由于它的处理费用较高，硫化物沉淀困难，常常需要投加凝聚剂以加强去除效果，因此，其使用并不广泛，有时仅作为氢氧化物沉淀法的补充方法使用。此外，在使用过程中还应注意避免造成硫化物的二次污染问题。

3. 碳酸盐沉淀法

金属离子的碳酸盐的溶度积很小，对于高浓度的重金属废水，可以用投加碳酸钠的方法加以回收。

4. 钡盐沉淀法

钡盐沉淀法主要用于处理含六价铬的废水。常用的沉淀剂包括碳酸钡、氯化钡、硝酸钡、氢氧化钡等。

(三)药剂氧化还原

药剂氧化还原指利用溶解于废水中的有毒物质在氧化还原反应中能被氧化或还原的性质，将其转化为无毒无害的新物质。通常用来将剧毒或有毒物质转化为无毒、低毒的物质。

常用的氧化剂包括空气中的氧、纯氧、臭氧、氯气、漂白粉、次氯酸钠、三氯化铁等。

常用的还原剂包括硫酸亚铁、亚硫酸盐、氯化亚铁、铁屑、锌粉、二氧化硫、硼氢化钠等。

(四)臭氧氧化

臭氧氧化是利用臭氧做氧化剂氧化水中还原性物质,主要用于印染废水、含氰废水、含酚废水的处理。优点是对除臭、脱色、杀菌去除有机物和无机物有显著效果,不产生二次污染,制备臭氧的电和空气不需储存和运输,不产生污泥。缺点是造价高,处理成本高。

(五)电解

利用电解的原理,在处理废水时使污染物质在电解过程中沉积于电极表面或沉淀下来或生成气体。用来电解的装置称为电解槽,主要包括回流式和翻腾式两种形式。回流式电解槽使水流沿极板折流前进,流程长,有利于离子扩散,电解槽容积利用率高,但是施工和检修困难。翻腾式电解槽将极板悬挂起来,水流顺着板面前进,减少漏电。

(六)光氧化

光氧化是利用紫外光线和氧化剂的协同氧化作用分解废水中有机物,使废水得到净化。废水氧化处理使用的氧化剂(如氯、次氯酸盐、过氧化氢、臭氧等),因受温度影响,往往不能充分发挥其氧化能力;采用人工紫外光源照射废水,使废水中的氧化剂分子吸收光能而被激发,形成具有更强氧化性能的自由基,增强氧化剂的氧化能力,从而能迅速、有效地去除废水中的有机物。光氧化适用于废水的高级处理,尤其适用于生物法和化学法难以氧化分解的有机废水的处理。

三、工业废水的物理化学处理

废水中的污染物在处理过程中通过相转移的变化而达到去除目的的处理方法称为物理化学处理。污染物在物化过程中可以不参与化学变化或化学反应,直接从一相转移到另一相,也可以经过化学反应后再转移。

操作单元包括混凝、气浮、吸附、离子交换、电渗析、反渗透等。

(一)混凝

混凝目的在于通过向水中投加一些药剂(通常称为混凝剂及助凝剂),使水中难以沉淀的胶体颗粒能互相聚合,长大至能自然沉淀的程度,通常也称作混凝沉淀。在给水处理和废水处理中,混凝沉淀是常用的方法之一。混凝处理包括凝聚和絮凝两个阶段。在凝聚阶段中胶体双电层被压缩失去稳定而形成较小的微粒;在絮凝阶段这些微粒互相聚结(或由于高分子物质的吸附架桥作用相助)形成大颗粒絮体,这些絮体在一定的沉淀条件下可以从水中分离去除。

(二)气浮

气浮是将水、污染物质和气泡这样一个多相体系中含有的疏水性污染粒子，或者附有表面活性物的亲水性污染粒子，有选择地从废水中吸附到气泡上，以泡沫形式从水中分离去除的一种操作过程，是一种固－液和液－液分离的方法。气浮分离方法主要应用于自然沉淀或难以去除的悬浮物，以及相对密度接近 1 的固体颗粒。

常见的气浮分离方法主要包括电解气浮法、扩散板曝气气浮、叶轮气浮法、溶气气浮法、生化气浮法等。在含油废水(石油化工、机械加工、食品工业废水等)、造纸厂白水回收纤维、染色废水、毛纺工业洗毛废水以及浓缩污泥等方面都有较多的应用。

(三)吸附

吸附法指利用具有吸附能力的多孔性物质去除水体中微量溶解性杂质的一种处理工艺。在水处理中，主要讨论的是液－固界面，固相物质作为吸附剂，一般为多孔性物质；液相中被吸附物质为吸附质。吸附包括物理性吸附和化学性吸附两大类，常见的吸附设备主要包括固定床吸附器、移动床吸附器和流化床吸附器等。

(四)离子交换

离子交换指借助固体离子交换剂中的离子与稀溶液中的离子进行交换，以达到提取或去除溶液中某些离子的目的，是一种属于传质分离过程的单元操作。根据树脂骨架上活性基团的不同，可分为阳离子交换树脂、阴离子交换树脂、两性离子交换树脂、合树脂和氧化还原树脂等。用于离子交换分离的树脂需具有不溶性、一定的交联度和溶胀作用，而且交换容量和稳定性要高。

离子交换树脂可以再生。离子交换树脂主要由阴、阳离子交换树脂组成。在使用的过程中，主要通过树脂内部的 H 和 OH 与水中的阳、阴离子进行交换。当阳、阴离子交换树脂中的 H、OH 交换完成后，离子交换树脂则失去了交换能力，无法继续工作。如果继续使用，产水中的离子数量会逐渐增加，但是如果更换树脂，则会造成物力和人力的大量浪费。而采用酸、碱溶液清洗树脂，能够有效恢复 H * 和 OH，使树脂恢复工作能力，这就是再生。这类酸、碱或盐称为再生剂。

离子交换分离广泛用于：

(1)水的软化、高纯水的制备、环境废水的净化；

(2)溶液和物质的纯化，如铀的提取和纯化；

(3)金属离子的分离、痕量离子的富集及干扰离子的去除；

(4)抗菌素的提取和纯化等。

(五)电渗析

利用半透膜的选择透过性来分离不同的溶质粒子(如离子)的方法称为渗析。在电场作用下进行渗析时,溶液中带电的溶质粒子(如离子)通过膜而迁移的现象称为电渗析。利用电渗析进行提纯和分离物质的技术称为电渗析法。它是20世纪50年代发展起来的一种新技术,最初用于海水淡化,现在广泛用于化工、轻工、冶金、造纸、医药工业,尤以制备纯水和在环境保护中处理"三废"最受重视,例如,用于酸碱回收、电镀废液处理以及从工业废水中回收有用物质等。

(六)反渗透

反渗透(RO)技术是利用压力表差为动力的膜分离过滤技术。它源于20世纪60年代美国宇航科技的研究,后逐渐转化为民用,目前已被广泛运用于科研、医药食品、饮料、海水淡化等领域。

反渗透膜(RO膜)孔径小至纳米级(1nm=10－9m),在一定的压力下,水分子可以通过RO膜,而泵水中的无机盐、重金属离子、有机物、胶体、细菌、病毒等杂质无法通过RO膜,从而使可以透过的纯水和无法透过的浓缩水严格区分开。

以高分子分离膜为代表的反渗透技术作为一种新型、高效流体分离单元操作技术,多年来取得了飞速发展,在酒类制造、海水淡化、医药、电子、造纸、电镀、印染等行业的用水及废水处理等方面有着广泛的应用。

四、工业废水的生物处理

利用微生物的代谢作用氧化、分解、吸附废水中可溶性的有机物及部分不溶性有机物,并使其转化为无害的稳定物质,从而使水得到净化的方法称为生物处理。生物处理过程的实质是一种由微生物参与进行的有机物分解过程,分解有机物的微生物主要是细菌,其他微生物如藻类和原生动物,也参与该过程,但作用较小。

操作单元包括好氧生物处理、厌氧生物处理。

(一)好氧生物处理

好氧生物处理是在有游离氧(分子氧)存在的条件下,好氧微生物降解有机物,使其稳定、无害化的处理方法。

微生物利用废水中存在的有机污染物(以溶解状与胶体状的为主),作为营养源进行好氧代谢。这些高能位的有机物质经过一系列的生化反应,逐级释放能量,最终以低能位的无机物质稳定下来，达到无害化的要求。废水好氧生物处理的最终过程，有机物被微生物摄取后，通过代谢活动，约有1/3被分解、稳定，并提供其生理活动所需的能量；约有2/3被转化，合成为新的原生质(细胞质)，即进行微生物自身生长繁殖。后者就是废水生物处理中的活性污泥或生物膜的增长部分，通常称其剩余活性污泥或生物膜，又称生物污泥。在废水生物处理过程中，生物污泥经固一液分离后，需进行进一步处理和处置。好氧生物处理的反应速度较快，所需的反应时间较短，处理构筑物容积较小，且处理过程中散发的臭气较少。所以，目前对中、低质量浓度的有机废水，或者说BOD质量浓度小于500mg/L的有机废水，基本上采用好氧生物处理法。

(二)厌氧生物处理

厌氧生物处理是在厌氧条件下，形成厌氧微生物所需要的营养条件和环境条件，利用这类微生物分解废水中的有机物并产生甲烷和二氧化碳的过程。

常见的厌氧生物处理工艺主要包括上流式厌氧污泥床反应器(UASB反应器)、厌氧生物滤池、厌氧生物转盘、厌氧膨胀床与厌氧流化床反应器等。

五、工业废水处理技术

工业废水处理技术如下。

(一)针对悬浮物

物理法：筛滤法、自然沉降、自然上浮、粒状介质过滤、超滤、微滤、混凝气浮、混凝沉降。

生物法：甲烷消化法、活性污泥法、生物膜法、氧化塘法、污水灌溉。

(二)针对溶解的无机物

物理法：电渗析、反渗透、曝气、萃取、离子交换、吸附。化学法：酸碱中和、氧化还原。

生物法：生物硝化、生物反硝化。

(三)针对溶解的有机物

物理法：萃取、活性炭吸附。

化学法：湿式氧化、曝气、氧化、焚烧。

生物法：甲烷发酵法、活性污泥法、生物膜法、氧化塘法、污水灌溉。

(四)针对微生物

物理法：超过滤。

化学法:加氧、加氯。

第二节　制药废水处理

一、概述

制药工业按生产工艺过程可分为生物制药和化学制药两大类,生物制药又可按生物工程学科范围分为以下 4 类:一是发酵工程制药,二是细胞工程制药,三是酶工程制药,四是基因工程制药。其中,发酵工程制药发展历史悠久,技术成熟,应用很广泛,它是通过微生物的生命活动,将粮食等有机原料进行发酵、过滤、提炼而成。化学制药是采用化学方法使有机物或无机物通过化学反应生成合成物,而生物制药在发酵、提炼等过程有时也采用多级化学反应。近年来,生物与化学相结合生产药物的技术突飞猛进,这就是将生物合成的中间产品用化学或生化的手段进行分子结构改造而制成各种药效更好的衍生物,一般称其为半合成药物。

另外,还有一类采用物理或化学的方法,从动、植物中提取或直接形成药物的制药生产方式,即国内生产的中成药,国外也称其为天然药物,此类药物发展较快,也是我国制药行业优先发展的重点。

不同种类的药物所采用的原料和数量以及生产工艺不同,尤其在制药的后期阶段,药品的精制和提纯过程中,采用的工艺方法差别较大,往往需要将生物、物理和化学等多种工艺相结合,因此制药所产生的废水组分十分复杂。药物的化学组成主要是氨基酸类、有机酸和丙酮类、维生素、酶及辅酶类、脂类、蛋白质类、多糖等,因此,其生产过程中所产生的废水有一定规律可循,可以采用生物处理方法降解废水中的污染物质。

二、制药废水的来源及特点

(一)发酵类生物制药废水的特点

发酵类生物制药的过程是通过微生物生命活动,产生可以作为药物或药物中间体的物质,再通过各种分离方法将它们分离出来的过程,此类物质包括抗生素、维生素、氨基酸、核酸、有机酸、辅酶、酶抑制剂、激素、免疫调节物质等。

1. 主生产过程排水

此类排水是最重要的一类废水,包括废滤液(从菌体中提取药物)、废母液(从滤液中提取药物)、其他母液、溶剂回收残液等。该废水污染物质量浓度高、酸碱性和温度变化大、有药物残留,是此类废水最显著的特点,其处理难度大。

2.辅助过程排水

辅助过程排水包括工艺冷却水(如发酵罐、消毒设备冷却水)、动力设备冷却水(如空气压缩机冷却水、制冷机冷却水)、循环冷却水系统排污、水循环真空设备排水、去离子水制备过程排水、蒸馏(加热)设备冷凝水等,此类废水污染物质量浓度低,但是水量大,季节性强。需要注意的是,一些水循环真空设备排水含有溶剂,COD质量浓度很高。

3.冲洗水

冲洗水包括容器设备冲洗水(如发酵罐冲洗水等)、过滤设备冲洗水(如板框过滤机、转鼓过滤机等过滤设备冲洗水)、树脂柱(罐)冲洗水、地面冲洗水等。其中,过滤设备冲洗水主要是悬浮物,污染物质量浓度很高,如果控制不当,也会成为重要污染源;树脂柱(罐)冲洗水水量也比较大,初期冲洗水污染物质量浓度高,并且酸碱性变化大,也是一类重要废水。

4.生活污水

生活污水与企业的人数、生活习惯、管理状态相关,但不是主要废水。

通过以上分析可知,发酵生物类制药废水中水量最大的是辅助过程排水,COD贡献量最大的是主生产过程排水,冲洗水也是不容忽视的重要废水污染源。发酵生物类制药废水的特点可以归纳为以下几点:

(1)排水点多,高、低质量浓度废水单独排放,有利于清污分流。

(2)高质量浓度废水间歇排放,酸碱性和温度变化大,需要较大的收集和调节装置。

(3)污染物质量浓度高,如废滤液、废母液等高质量浓度废液的COD质量浓度一般在10000mg/L以上。

(4)碳氮比(C/N)低。发酵过程中为满足发酵微生物次级代谢过程特定要求,一般控制生产发酵的C/N为4∶1左右,与废水处理微生物的营养要求好氧C/N为20∶1、厌氧C/N为(4～60)∶11相差甚远,不利于提高废水生物处理的负荷和效率。

(5)含氮量高,主要以有机氮和氨态氮的形式存在,发酵废水经生物处理后氨氮指标往往不理想,并且一定程度上影响COD的去除。

(6)硫酸盐质量浓度高。硫酸铵是发酵的氮源之一,硫酸是提炼和精制过程中重要的pH调节剂,由于大量使用硫酸铵和硫酸,很多发酵制药废水中硫酸盐质量浓度高，给废水厌氧处理带来困难。

(7)废水中含有微生物难以降解甚至对微生物有抑制作用的物质。发酵或提取过程中投加的有机或无机盐类，如破乳剂 PPB(十五烷基溴化吡啶)、消泡剂(聚氧乙烯丙乙烯甘油醚等)、黄血盐($K_4[Fe(CN)_6 3H_2O]$)、草酸盐、残余煤(甲醛、甲酚、乙酸丁酯等有机溶剂)和残余抗生素及其降解物等，这些物质达到一定质量浓度会对微生物产生抑制作用。

(8)发酵生物制药废水一般色度较高。

(二)化学制药废水的特点

化学制药是利用有机或无机原料通过化学反应制备药品或中间体的过程，包括纯化学合成制药和半合成制药(利用生物制药方法生产的中间体作为原料之一生产药品)。合成制药的化学反应过程千差万别，有简有繁，一般来说，化学制药废水可以笼统地分为 4 类：

(1)母液类，包括各种结晶母液、转相母液、吸附残液等。

(2)冲洗废水，包括过滤机械、反应容器、催化剂载体、树脂、吸附剂等设备及材料的洗涤水。

(3)回收残液，包括溶剂回收残液、前提回收残液、副产品回收残液等。

(4)辅助过程排水及生活污水。

与发酵类生物制药比，化学制药废水的产生量小，并且污染物明确，种类也相对较少，但是，化学制药废水也有其自身的特点：

(1)质量浓度高，废水中残余的反应物、生成物、溶剂、催化剂等质量浓度高。

(2)含盐量高，无机盐往往是合成反应的副产物，残留到母液中。

(3)pH 变化大，导致酸水或碱水排放，中和反应的酸碱耗量大。

(4)废水中成分单一，营养源不足，培养微生物困难。

(5)一些原料或产物具有生物毒性，或难以生物降解，如酚类化合物、苯胺类化合物、重金属、苯系物、卤代烃溶剂等。

(三)其他制药废水的特点

1. 植物提取类制药废水

植物提取类制药指从植物中提取具有药效的物质，这些物质可以是明确的单一物质，如奎宁、麻黄碱等，也可以是植物的部分成分，甚至可以是全部成分。植物提取类制药废水污染因品种不同差异很大，废水主要有溶剂回收废水、饮片洗涤水和蒸煮浓缩过程的蒸汽冷凝水，污染物有植物碎屑、纤维、糖类、有机溶剂、产品等，COD 质量浓度从数百毫克每升至数千毫克每升不等。部分植物提取类制药过程与从菌体中提取产品的发酵类生物制药过程近似，此类过程的污水排放情况也与发酵类生物制药污水排放类似。

2. 生物制品废水

生物制品一般是从动物内脏、组织或血液中培养或提取的，其生产废水中往往混有较多的动物皮毛、组织和器官碎屑，废水中脂肪、蛋白质含量较高，有的还含有氮环类及恶唑环类有机物质。根据不同药物和工艺，该类废水中含有不同的作为培养基或提取药剂的残余有机物。近年来，随着基因工程技术的突飞猛进，生物制品中基因技术产品比例不断增加，基因制药产生的废水和污染物很少，但一般需对其进行比较彻底的“灭活”。

3. 制剂生产废水

各类药物成为最终产品即制剂生产过程，这类制药废水主要是原料和生产器具洗涤水，以及设备、地面冲洗水，污染程度不高，但由于这类生产企业的废水排放标准相对严格，一般所含污染物较少，但也需进行适当的处理。

三、制药废水治理的常规流程

制药废水的水质特点使多数制药废水单独采用生化处理法无法达标，所以在生化处理前必须进行必要的预处理。一般应设调节池，调节水质、水量和 pH，且根据实际情况采用某种物化或化学法作为预处理工序，以降低水中的 SS、盐度及部分 COD，减少废水中的生物抑制性物质，并提高废水的可降解性，以利于废水的后续生化处理。

预处理后的废水，可根据其水质特征选取某种厌氧和好氧工艺进行处理，若出水要求较高，好氧处理工艺后还需继续进行后处理。具体工艺的选择应综合考虑废水的性质、工艺的处理效果、基建投资及运行维护等因素，做到技术可行，经济合理。总工艺路线为“预处理＋厌氧＋好氧(＋后处理)”组合工艺。如采用水解吸附＋接触氧化＋过滤组合工艺处理含人工胰岛素等的综合制药废水，气浮＋水解＋接触氧化工艺处理化学制药废水，复合微氧水解＋复合好氧＋砂滤工艺处理抗生素废水处理高质量浓度中药提取废水等，都取得了较好的处理效果。

四、典型处理原理与工艺

(一)水解酸化法工艺原理

1. 概述

从原理上讲，水解酸化是厌氧消化过程的第一、第二阶段，即水解发酵阶段和产乙酸阶段。水解酸化工艺是考虑到产甲烷菌与水解产酸菌生长速率不同，在反应器中利用水流动的淘洗作用造成甲烷菌在反应器中难以繁殖，将厌氧处理控制在反应时间短的厌氧处理第一阶段，即在大量水解细菌、产酸菌作用下将不溶性有机物水解为溶解性有机物，将难以生物降解的物质转化为易于生物降解的小分子物质。将厌氧水解处理作为各种生化处理的预处理，由于不需曝气从而大大降低了生产运行成本，可提高污水的可生化性，降低后续生物处理的负荷，大量削减后续好氧处理工艺的曝气量，降低工程投资和运行费用，因此其广泛地应用于难生物降解的化工、造纸、制药等高质量浓度有机工业的废水处理中。

好氧处理一般可以采用传统活性污泥法、接触氧化法、周期循环延时曝气活性污泥系统(ICEAS)、氧化塘及土地处理等。这些处理方法可以进一步改善水质，使废水达标排放。

水解酸化工艺与单独的厌氧工艺相比，具有以下优点：

(1)水解、酸化阶段所产生的产物主要为小分子有机物，可生物降解性一般比较好。因此水解池可以改变原污水的可生化性，从而减少反应时间和处理能耗。

(2)降解固体有机物可以减少污泥量，其功能完全和消化池一样。工艺仅产生很少的难厌氧降解的剩余活性污泥，因此实现污水、污泥一次处理，不需要经常加热中温消化池。

(3)不需要密闭的池，不需要搅拌器，不需要水、气、固三相分离器，可降低造价和便于维护。由于这些特点，可以设计出适应大、中、小型污水厂所需的构筑物。

(4)由于反应控制在第二阶段完成之前，因此出水无厌氧发酵所具有的不良气味，能改善污水处理厂的环境。

(5)由于第一阶段、第二阶段反应进行迅速，因此水解池的体积小，与一般初次沉淀池相当，可节省基建投资。

水解酸化工艺可为好氧工艺提高优良的进水水质(即提高废水的可生化性)条件，提高好氧处理的效能；同时，可利用产酸菌种类多、生长快及对环境条件适应性强的特点，控制运行条件和缩小处理设施的容积。

2. 工作原理

(1)水解发酵反应。水解是有机污染物进入水体环境中首先发生的重要反应，即一些复杂的不溶性的聚合物转化为简单的溶解性的单体或二聚体化合物的过程，如淀粉在水体中被水解为葡萄糖，蛋白质被水解为二肽或氨基酸等。一些非多聚物类物质不太容易发生水解，如烷烃、苯等物质。水解过程通常是较缓慢的，水解反应发生后，有机物分子的极性和溶解度等都会发生改变。

(2)产乙酸反应。在发酵产酸阶段,已经有一部分乙酸生成,但是由于反应底物结构和性质特点,在酸化过程中还会生成丁酸、丙酸、乳酸等。这些在酸化过程中产生的低分子酸都可以被产乙酸菌进一步降解形成乙酸。除有机酸可以为乙酸外,碳酸和甲醇也可转化为乙酸。

(3)水解酸化、两相厌氧发酵和混合厌氧消化工艺各自的运行条件及生存环境的差异

水解酸化工艺和厌氧消化的水解酸化的目标是不同的。水解工艺的开发是从低浓度城市污水开始的,与高浓度废水的厌氧消化中的水解酸化过程不同。在连续厌氧过程中,水解酸化的目的是为混合厌氧消化过程中的甲烷化阶段提供基质。而两相厌氧消化中的产酸段是将混合厌氧消化中的产酸相和产甲烷相分开,以便形成各自的最佳环境。因此,水解酸化工艺、两相厌氧发酵工艺和混合厌氧消化工艺中的产酸过程均产生有机酸,但由于三者处理的目的不同,各自的运行条件及生存环境存在明显的差异,主要表现在以下几个方面:

①氧化还原电位(E_0)不同。在混合厌氧消化系统中,由于完成水解、酸化的微生物和产甲烷微生物共处于同一反应器中,整个反应器的氧化还原电位(En)的控制必须首先满足对E,要求更为严格的甲烷菌。甲烷菌所要求的En一般为300mV以下,所以系统中的酸化菌也是在这一电位下工作的。两相厌氧消化系统中,产酸相的E一般控制在−300～−100mV。而水解酸化工艺为一典型的兼性过程,只要En控制在0mV左右,该过程即可顺利进行。

②pH不同。在厌氧消化系统中,消化液的pH控制在甲烷菌生长的最佳pH范围6.8～7.2。在两相厌氧消化系统中,产酸相的pH一般控制在6.0～6.5,在酸化反应器pH降低时,丙酸含量增大,而丙酸对后续甲烷相中的产甲烷菌将产生强烈的抑制作用。水解酸化工艺一般不存在酸的抑制问题,所以pH范围可以不加以控制。

③温度不同。通常,厌氧消化系统以及两相厌氧消化系统运行的温度均要严格控制,要求中温消化在30～35℃,高温消化在50～55℃。而水解酸化工艺对温度无特殊要求,在常温下运行,通常也可获得较为满意的水解酸化效果。

由于反应条件不同,所以3种工艺中优势菌群也不相同。在厌氧消化系统中,由于严格地控制在厌氧条件下,系统中的优势菌群为专性厌氧菌,因此,完成水解酸化的微生物主要为厌氧微生物。水解酸化工艺控制在兼性条件下,系统中的优势菌群也是厌氧微生物,但以兼性微生物为主。对于两相系统中的产酸相,微生物的优势菌群随控制的氧化还原电位不同而变化。当控制的电位较低时,完成水解酸化的微生

物主要为厌氧菌；当控制电位较高时，完成水解酸化的微生物主要为兼性菌。

微生物种群的差异导致3种工艺的最终产物也完全不同。在厌氧消化系统中，水解酸化产生的有机酸被立即转化为甲烷(沼气)和二氧化碳。两相厌氧消化中的产酸相的产物主要为高质量浓度有机酸(主要为乙酸)、少量甲烷和二氧化碳。而水解酸化工艺中的最终产物为低质量浓度的有机酸，个别情况下还有极少量的甲烷。

3. 水解反应功能

(1)有机物含量显著减少。水解反应的第一个特点是对有机污染物(特别是悬浮物)有相对高的去除率，COD、BOD_5 和 SS 的去除率分别在 50%～70%、60%～80% 和 70%～90%；出水悬浮物质量浓度低于 50mg/L，这些因素对各种后处理是非常有利的。如采用活性污泥法后处理，由于有机物绝对数量的减少，与传统的活性污泥工艺相比，停留时间可减少 50%，曝气量也减少 50%，其基建总投资、能耗和运行费用可分别节省 30%左右。如采用氧化塘后处理，与单独采用传统氧化塘相比，占地面积减少 50%，基建投资降低 50%，运行费用降低 36%，并且基本上解决一般氧化塘应用中存在的问题。如采用土地处理系统，由于经水解池处理后污水的可生化性提高，悬浮物质量浓度低于 50mg/L，可大大提高土地的处理负荷，减少占地面积，提高处理效率。

(2)BOD_5/COD 比值和溶解性有机物比例显著增加。不同条件下的城市污水经水解反应后，出水 BOD/COD 比值有所提高。经水解处理后，溶解性有机物比例提高 1 倍。经水解处理，有机物在微生物的代谢途径上减少了一个重要环节，无疑将加速有机物的降解。这表明水解反应器相对曝气池起到了预处理的作用，使经水解处理后的出水变得更易于被好氧菌降解。

水解池出水采用活性污泥后处理工艺与采用传统活性污泥工艺进行对比如下：在停留时间 4h 左右的情况下，不论采用穿孔管或中微孔曝气方式，BOD_5 和 COD 去除率均显著高于传统工艺流程，且出水 COD 低于 100mg/L，传统工艺停留时间 8h 左右仍然达不到与本工艺相接近的出水水质，因此，从曝气池容积上新工艺要少 50%左右。曝气量若同样采用穿孔管曝气设备，曝气量可节省气量 50%，同样采用中微孔曝气器时可节省量为 40%左右。

(3)污泥和 COD 去除平衡。水解反应器中污泥也得到充分的处理，这是水解反应的第 3 个显著特点。

4. 影响水解酸化过程的重要因素

(1)水解酸化微生物对 pH 变化的适应性较强，水解酸化过程可在 pH3.5～10 的范围内进行，最佳的 pH 是 5.5～6.5。

(2)研究表明，水温在 10～20℃变化时，对水解反应速度影响不大，说明参与水解的微生物对低温变化的适应性强。

(3)底物的种类和形态对水解酸化过程的速度有很大影响。对同类有机物来说，分子质量越大，水解越困难，相应的水解速度就越小。颗粒状有机物，粒径越大，单位质量有机物的比表面积就越小，水解速度也越小。

(4)污泥生物固体停留时间在常规的厌氧条件下，混合厌氧消化系统中，水解酸化微生物的比增值速度高于甲烷菌，因此，当系统的生物固体停留时间较短时，甲烷菌的数量将逐渐减少，直至完全淘汰。为了保持水解微生物的活性，水解池内水解微生物质量浓度应该保持在一个合适的质量浓度。这都靠控制水解池的生物固体停留时间来完成。

(5)水力停留时间对水解酸化反应器来说，水力停留时间越长，底物与水解微生物的接触时间也越长，相应的水解效率就高。

5. 水解酸化过程的判断指标

(1)BOD_5/COD 比值的变化：废水可生化性的一个重要指标。

(2)溶解性有机物的比例变化：水解处理后，溶解性有机物比例显著增加。

(3)有机酸(VAF)的变化：进出水 VAF 的相差越大，说明水解酸化的程度越好。

(4)pH 的变化：水解酸化后，会引起 pH 的下降，但当进水中含有大量的缓冲物质时，可能变化不大。

(5)挥发性悬浮固体(VSS)变化：颗粒状有机物质转变为溶解性有机物，引起 VSS 的变小。

(6)耗氧速度的变化：水解酸化后，废水的耗氧速度明显提高，特别是初期耗氧速度增大显著。

(二)典型工艺

1. 水解酸化+生物接触氧化工艺

混合废水经格栅井进入调节池，在调节池内调节水量和水质，根据进水水质情况通过投加碱液控制进水 pH。水解酸化池内设置专用水解填料，通过厌氧菌、水解细菌、产酸菌等兼性菌的协同作用，降解有机物，有效去除部分 COD。水解酸化池出水自流进入生化池。生化池内设置专用填料和高效专用曝气装置，提高氧的利用率，有效降低运行成本。

生化池出水自流进入二沉池进行固液分离，清水溢流排放，沉淀污泥回流至水解酸化池以提高水解池内生物活性，剩余污泥排放。

针对制药废水水量、水质波动大，发酵工艺和洗涤过程产生的有机废水 COD 质量浓度高、色度深，采用水解酸化+生物接触氧化工艺，对进水负荷变化的适应性强，抗冲击性好。

水解酸化单元可以降解部分有机物，同时提高废水的可生化性，并且对废水的色度有一定的去除率。生物接触氧化工艺有机负荷高，耐冲击负荷能力强，剩余污泥量少，处理出水水质稳定。

同时，考虑现场面积小，污水处理站采用地埋式处理工艺，且各处理单元基本采用钢筋混凝土土建结构，便于合建，可最大限度地节省占地面积。在设备上选用节能的水泵和高氧利用率的曝气装置，使污水站实现低能耗运行，降低运行费用。

2. 水解酸化+间歇式活性污泥法+接触氧化工艺

过程制药废水的有机污染物质量浓度高，成分复杂，适合采用生物技术的方法进行处理。在调整废水的 pH 为 11 时，利用水解酸化+间歇式活性污泥法（SBR）+接触氧化工艺处理制药厂生产废水具有很高的处理效率，该工艺处理效果稳定，耐冲击负荷能力高。

根据制药废水的特点，当 BOD_5/COD 大于 0.5 时，废水中有机物易于生物降解，可以考虑采用生物好氧氧化技术进行制药废水的处理。考虑到制药废水的生产是间歇排放，比较适合采用间歇式活性污泥法（SBR）进行处理。同时，由于废水中有机物质量浓度很高，在一级氧化池基础上又设置二级氧化（生物接触氧化法）。废水中含有大量生物难以降解的大分子有机物，在好氧氧化之前，采用水解酸化，可进一步提高有机物的可生化性，水解池同时兼有调节池的作用。

（1）制药废水因为受生产的影响，进水波动较大，经过稀释后，COD 质量浓度在 200～1400mg/L 时，使用 SBR 工艺处理废水，效果理想，COD 去除率基本稳定在 80%～95%。且在此范围内进水 COD 质量浓度与其去除率成正比。

（2）当 SBR 工艺处理制药废水时，污泥质量浓度控制在 2000～3500mg/L，SV_30（沉降比）均小于 30mg/L 时，不会发生污泥膨胀。可结合微生物的生长情况灵活控制排泥时间。

（3）pH 控制在 6～7 时，COD 去除率可达 90%以上。

（4）污水站的工艺调试为当进水 COD 为 500～1000mg/L 时，其去除率最高。

（5）通过对 SBR 工艺曝气阶段 COD 变化的跟踪监测，发现 SBR 曝气池中 COD 的去除主要集中在前 2 小时，可据此缩短工艺运行的周期。

第三节　乳制品厂废水处理

一、概述

从整体来看，我国乳制品行业基本处于成熟阶段，我国乳制品销量变化趋势大体同产量变化趋势一致，均呈波动态势。人均乳制品消费量对标美国、日本等国家，还有增长空间。乳品工业包括乳厂、乳品接收站和乳制品加工厂等。在我国的乳制品产量中，奶粉产量占75%左右，婴儿乳制品产量占10%左右，其他奶油、干酪、炼乳等乳制品产量占15%左右。

乳制品废水是炼乳、干酪、奶油、乳制清凉饮料、冰激凌以及乳制品点心生产过程中排出的废水。废水主要来自容器及设备的清洗水，主要成分含有制品原料。废水中原料成品（如奶油、炼乳）应作为副产物尽量回收，并在生产过程中减少其流失，废水常采用隔油、沉淀气浮、电化学絮凝等物化处理法，以及生物滤池、曝气池、气化沟、生物塘等生化处理方法进行处理。

二、乳制品生产工艺流程

乳制品大致可以分为乳粉、液体乳和其他乳制品3大类，不同的乳制品加工过程以及生产过程中产生的水质水量都有不同。

（一）乳粉

乳粉是用新鲜牛乳或以新鲜牛乳为主，添加一定数量的植物蛋白质、植物脂肪、维生素、矿物质等原料，经杀菌、浓缩、干燥等工艺过程而制得的粉末状制品。乳粉可以分为全脂乳粉、脱脂乳粉和调味乳粉等，各种乳粉常见的工艺流程如下。

1. 全脂（全脂加糖）乳粉

原料乳验收→净乳→冷藏→标准化（全脂加糖乳粉）→冷藏→杀菌浓缩→喷雾干燥→筛粉晾粉→包装。

2. 脱脂乳粉

原料乳验收→净乳→标准化（分离脂肪）→（脱脂乳）冷藏→杀菌浓缩→喷雾干燥→筛粉晾粉或经过流化床→包装。

3. 调味乳粉

原料乳验收→净乳→杀菌→冷藏→标准化（添加营养强化剂等其他辅料）→均

质→冷藏→杀菌浓缩→喷雾干燥→筛粉晾粉(或经过流化床)→包装。

(二)液体乳

液体乳指各种以液体状态存在的乳制品,主要包括消毒牛乳、酸牛乳等。

1.消毒牛乳

消毒牛乳是用健康牛所产的新鲜牛乳,经有效的加热杀菌方法处理后,分装出售的饮用牛乳。由于加热杀菌可破坏微生物繁殖而产生的代谢产物,从而达到饮用安全要求,所以取名为消毒牛乳,与未经热处理的生牛乳相区别。另外,经调香或添加果汁、可可、咖啡等花色牛乳,以及上述消毒牛乳等液态类牛乳统称为市售乳。

消毒牛乳常见的生产工艺如下:

原料乳验收→净乳→冷藏→标准化→预热→均质→超高温瞬时灭菌(或杀菌)→冷却→无菌灌装(或保持灭菌)→成品储存。

2.酸牛乳

酸牛乳可以分为凝固型和搅拌型两种生产工艺,常见工艺如下:

凝固型:原料乳验收→净乳→冷藏→标准化→均质→杀菌→冷却→接入发酵菌种→灌装→发酵→冷却→冷藏。

搅拌型:原料乳验收→净乳→冷藏→标准化→均质→杀菌→冷却→接入发酵菌种→发酵→添加辅料→冷却→灌装→冷藏。

(三)其他乳制品

1.冰激凌

冰激凌是用乳或乳制品、蛋或蛋制品、甜味料、稳定剂、乳化剂及食用香料和色素混合后,经严格消毒、均质、冷却、老化凝冻而制成的产品。

2.奶油

奶油又名黄油、白脱油,主要成分是牛乳中的脂肪。牛乳预热至40℃,通过牛乳分离机得到脱脂乳和稀奶油。稀奶油经过进一步加工后,可制得含乳脂肪80%~84%,水分小于16%的制品,称为奶油。奶油又分为酸制、鲜制、重制3种。常见的奶油生产工艺如下:

原料乳验收→净乳脂肪分离→稀奶油→杀菌→发酵→成熟→搅拌→排除酪乳→奶油粒→洗涤→压炼→包装。

3.麦乳精

麦乳精为一种疏松、多孔性的扁平颗粒和部分细粉产品,易溶于热水中,加水复原后即成为一种具有独特风味，并含有一定营养的饮料。它是用含有蛋白质、脂肪、碳水化合物、矿物质、维生素等营养素的动植物制品为原料，通过调制、乳化、脱气浓缩、真空干燥、轧粒、包装等工艺过程而制成。麦乳精以可可粉或其他人们喜爱的香气或风味的物料（如杏仁粉、人参粉等）进行调味；持有添加物特色的含乳饮料，含乳固体量不应低于20%。

4. 炼乳

炼乳包括甜炼乳和淡炼乳两类。在鲜乳中加入约16%的蔗糖后，经消毒、浓缩到原容积40%左右的含糖乳制品，称为甜炼乳。鲜乳经预热，浓缩到原体积的1/2.2左右，装罐封罐后，经高温灭菌而制成的浓缩灭菌乳称为淡炼乳或称淡奶。常见的炼乳生产工艺如下：

原料乳验收→净乳→冷藏→标准化→预热杀菌→真空浓缩→冷却结晶→装罐→成品储存。

三、乳制品废水的来源及特点

乳品加工厂废水主要包括各种设备的洗涤水、地面冲洗水、洗涤与搅拌黄油的废水以及各种生产乳制品的废水，如，奶粉厂的废水主要来自设备的洗涤和大量的冷却水；乳品加工厂废水含有大量的有机物质，主要是含有乳固形物如乳脂肪、酪蛋白以及其他乳蛋白、乳糖和无机盐类物质，其含量根据不同的乳品加工过程而不同。

乳制品工厂废水的pH平均值接近中性，有的略带碱性，但是在不同时间排放的废水的pH变化很大，主要受清洗消毒时所使用的清洗剂和消毒剂的影响。

由于乳制品废水中胶体质量浓度高，与其他食品废水相比乳制品废水的浊度较高。

四、乳制品废水治理的常规流程

乳制品厂排放的废水主要含有蛋白质、脂肪、碳水化合物等营养物质，COD和BOD_5基本超过国家规定的排放标准，必须进行处理后再排放。目前，乳制品厂废水的处理方法主要有活性污泥法、生物滤池法、生物接触氧化法、化学凝聚法、气浮法等。这类工艺由于污水质量浓度低，无法回收产品，投资大，运行费用高。乳制品厂废水污染负荷低，最好的处理方法是农田灌溉和采用投资少、运行费用低的处理工艺。

五、典型处理工艺

(一)人工食物链＋凝聚沉淀法

乳制品厂废水主要为生产过程中流失的原料，为无毒无害可生物降解的有机物，可以通过细菌、浮游动物、藻类、鱼类等构成的人工食物链，通过食物链中各个链节的作用，将废水中有机物质转化为鱼产品，从而使废水 COD、BOD_5 大幅度降低，达到国家废水排放标准。该工艺中人工食物链处理装置十分关键，它是一个强化的氧化塘处理工艺，属于自然生物降解工艺，该工艺除能处理废水外，还能养殖鱼副产品，取得一定的经济效益。

(二)两级生化工艺

由于乳制品废水的 COD 质量浓度很高，单级生物处理很难达到排放要求，因此，多将两个生物处理构筑物串联使用，形成两级生化工艺，起到较好的处理效果。常见工艺如两级生物接触氧化法、生物转盘＋生物接触氧化法等工艺流程。下面以生物转盘＋生物接触氧化法工艺为例简要介绍两级生化工艺。

某冷饮车间排放废水 $60m^3/d$，COD 为 800～2000mg/L，废水主要来源于生产设备的洗涤水，含有大量的淀粉、糖、油脂、奶类蛋白质，可生化性好，采用生物转盘＋生物接触氧化工艺进行处理。

各类洗涤水流入集水井，定期隔油处理后流入调节池，用污水泵打入生物转盘，采用气动式生物转盘，增强搅动，提高水中溶解氧，增加微生物活性，提高有机物去除率。在生物转盘后增设一级生物接触氧化池，进一步去除水中剩余 COD。

(三)厌氧(水解)＋好氧生物处理工艺

采取厌氧(水解)＋好氧生物处理工艺，一方面解决单独好氧处理运行费用高的缺点，另一方面可以提高出水水质。该工艺处理效率高，运行费用低，投资较少，操作管理非常简便，且污泥生长较快，处理后的出水可用于循环利用。

厌氧(水解)池可以将污水中固体状态大分子和不易生物降解的有机物降解为易于生物降解的小分子有机物，对于悬浮性物质去除率高。水解反应作为预处理，对悬浮性 COD 和脂类的去除率高，在乳制品废水处理过程中可以在较低 pH 下运行，对蛋白质和脂类的去除率高达 98%。通过水解酸化，使出水中主要为溶解性 COD，再采用好氧反应池，可以在较短时间内取得很好的处理效果。

(四)炭渣填料固定光合细菌混合菌膜技术

光合细菌(PSB)是一类水生革兰氏阴性细菌,分布广泛,在含有腐败有机物质的死水中特别丰富,PSB中的红螺菌科红假单孢菌属细菌常在厌氧光照、好氧黑暗条件下迅速利用低分子有机物,被广泛应用于各种有机废水的净化处理。有学者选用PSB和氧化菌混合菌株,固定在炭渣填料上,进行了处理乳品废水的研究。该处理工艺分为三段:预处理段、PSB处理段、混凝处理段。废水先经格栅井去除粗悬浮物,混合流入总排水管,再进入调节预曝气池,加定量石灰乳调节pH到中性,稳定水质,出水流入生物反应器,反应器出水流入沉淀池,加混凝剂、搅拌、沉降、排出污泥,上清液出水即净化水。

第四节 酒精厂废水处理

一、概述

酒精是一种用途广泛的化工产品,也是一种清洁燃料。酒精工业是国民经济的重要基础原料产业,酒精广泛应用于化学工业、食品工业、日用化工、医药卫生等领域,可以作为浸提剂、洗涤剂、溶剂和表面活性剂等。

酒精的生产方法有发酵法和合成法。发酵法是以植物为原料,通过微生物发酵,经蒸馏制取酒精。制取酒精的原料可分为两大类:一类是含糖植物,如甘蔗、甜菜或制糖厂的副产品糖蜜;另一类是含淀粉的植物,如玉米、薯干,玉米和薯干在发酵时投加不同种类的微生物,可制取丙酮、丁酮和酒精等溶剂。

我国是酒精生产大国,用液态发酵生产的白酒,其原料也是含淀粉的植物(如玉米、高粱等),生产工艺类同制取酒精。

发酵法制取酒精和溶剂,虽然采用的原料和生产工艺有所不同,但在制取过程中都产生大量的糟液,糟液中含有高质量浓度的有机物。糟液很难被直接利用,废弃糟液可对环境造成严重污染。

二、酒精废水的来源及特点

酒精生产主要以玉米、木薯、甘薯等为原料。生产过程初馏塔排出的酒精废水中含有蛋白质、粗脂肪等,可作为饲料的有用成分。酒精废水是一种高质量浓度的有机废水，具有极高的污染负荷。这些污染物质若不控制，肆意排入水体，会消耗水中大量溶解氧，破坏氧的平衡，导致水质恶化，对环境造成严重的污染。酒精废水的特点如下。

(1)悬浮物含量高，平均悬浮物含量高达 40000mg/L。

(2)温度高，平均水温达 70℃，蒸馏釜底排出的废水温度高达 100℃。

(3)质量浓度高，废水的 COD 高达 20000～30000mg/L，包括悬浮固体、溶解性 COD 和胶体，有机物占 93%～94%，无机物占 6%～7%。有机物的成分是碳水化合物，其次是含氮化合物、生物菌和未分解出去的产品(如丁醇、乙醇等)，此外还有 500mg/L 的有机酸。

(4)废水含有约 500mg/L 的有机酸，废水呈酸性，运行初期可考虑加碱或污泥回流以平衡废水的酸碱度，运行稳定后系统具备足够的缓冲能力，则不需要加碱或回流。

(5)无机物主要是来自原料中的灰尘和杂质。

三、酒精废水治理的常规流程

糟液中含有大量的有机物，并具有良好的可生物降解性能。所以，糟液的常规综合治理流程是以生物处理中的厌氧反应器为核心，以回收糟液中的潜有能源和其他资源。为保证糟液通过厌氧反应器回收沼气的效果，糟液在进入反应器前应进行预处理。

通过厌氧反应器，将糟液中极大部分有机物转化为沼气，糟液的 COD 质量浓度也大幅度下降，但残存的有机物质量浓度仍不能满足国家规定的排放标准的要求，需接受进一步的处理。若先进行好氧生物处理，随后再进行混凝过程和氧化吸附等技术后处理，可满足排放标准的要求。混凝、过滤、氧化和吸附等处理方法称为深度处理。

糟液综合治理常规流程可归纳为预处理、厌氧生物处理、好氧生物处理和深度处理 4 部分。

(一)预处理

厌氧反应器的糟液温度可分为高温、中温和常温 3 类。高温，其适宜温度在 50～56℃；中温，其适宜温度在 35～40℃；常温，则随自然温度而变化。

新鲜的糟液，其温度在 80℃以上，应先通过热交换器回收热能，将糟液降到适宜的温度再进入厌氧反应器。

糟液在接受厌氧反应器处理时,通常采用的操作温度是高温和中温。

厌氧反应器内的pH是影响处理效果的主要因素之一,一般控制在pH7左右。

进液的pH不一定需要调整到反应器内控制的pH范围,因为进入反应器后,经反应器内料液的稀释和生物化学反应可以改变进液的pH。

糟液中的有机物主要是碳水化合物,在制取酒精过程中已被酸化,其中,部分有机物是以挥发性有机酸的形式存在,使糟液的pH偏酸性。但其进入厌氧反应器后,经稀释和生物化学反应等作用,糟液的pH很快调整到反应器内控制的pH范围。所以,糟液的pH一般不需要进行预调整。

(二)厌氧生物处理

糟液的厌氧生物处理是糟液综合治理的核心工艺。常用的厌氧反应器有上流式厌氧污泥床(UASB)、厌氧生物滤池(AF)和厌氧接触工艺等。

糖蜜糟液中硫酸盐含量较高,一般采用中温厌氧接触工艺。因为在中温状态下,与高温状态时相比,反应器中硫酸盐还原菌与产甲烷菌利用乙酸的速度基本相同。因此,采用中温厌氧反应器处理含高质量浓度的糖蜜酒糟时对反应器的甲烷产率影响不明显。

淀粉糟液的厌氧处理,有一段法和二段法。采用一段法时,一般使用高温UASB或高温厌氧接触工艺;采用二段法时,一般选用高温UASB串联中温AF工艺或高温厌氧接触工艺串联中温厌氧接触工艺。

厌氧处理可使糟液的COD质量浓度下降75%~90%。当环境允许时,可将厌氧反应器的出液灌溉农田,以增加土壤的肥力。但对排放标准比较严格的地区,厌氧反应器的出液需要好氧生物处理等工艺处置。

(三)好氧生物处理

厌氧反应器的出液与厂内其他有机低温度的废水(如地面冲洗水、设备清洗水等)合并,进行好氧生物处理。

由于混合废水有机物质量浓度偏高,又属酿造废水,为防止好氧生物处理装置出现污泥膨胀现象而影响正常运转,好氧生物处理装置一般选用生物膜类型,如生物接触氧化装置、生物转盘等。这些装置可单一选用,也可多级串联选用。

好氧生物处理工艺可降解混合废水中75%~90%的COD,其出水COD一般在400~800mg/L,出水带有较高的色度。在有城市下水道或酒精厂的下游建设城市污水集中处理厂的地区,好氧生物处理的出水可直接排入城市下水道,如果该厂位于排放标准较为严格的地区,则好氧生物处理装置的出水还需要进行深度处理。

(四)深度处理

当对排放水质要求较高的时候,对于好氧处理后的酒精废水仍需要进一步处理,使其可以回用。通常采取混凝沉淀、过滤、生物活性炭吸附、消毒等深度处理工艺,出水达到城市污水再生利用工业用水水质标准,可直接回用于地面冲洗水及循环冷却水补充水,实现废水零排放。

酒精废水的深度处理可以提高水资源利用率,降低废水对环境的污染,同时,节省水资源征收费和排污费。

(五)酒精废水的资源化

1. 利用蜜糖酒精废水生产生物制品

利用蜜糖酒精废水中分离出来的酵母或利用蜜糖酒精废水培养白地霉,可以进一步生产核酸类和农用混合核苷酸等生物制品。

蜜糖酒精废水中含有大量的酵母,一般 1m^3 废水中含有 12～18kg、含水量 75%的、具有活力的酒精酵母。通过高速分离机将酵母分离出来,可以将其作为食品行业面包酵母使用。

酒精废水也可以用来培养白地霉,利用蜜糖酒精废液中含有丰富的碳、氮、磷等营养元素,不必添加任何营养物质即可引入白地霉菌种进行发酵生产白地霉。利用白地霉生产的生化制品主要包括核酸类物质、农用混合核苷酸、卵磷脂和多种氨基酸,具有较高的经济价值。

2. 用作肥料

由于蜜糖酒精废水中含有多种可供作物利用的营养元素,因此可以将废液作为肥料施用回土壤中。目前,国内外研究成果主要包括直接利用废液作为肥料和与蔗渣混合制肥料等方式。

直接作为肥料是将蜜糖酒精废水施放到甘蔗地中,其对甘蔗生长有良好的促进作用。经研究表明,甘蔗产量每亩(666.7m^2)可增产 30%左右,亩施 5000kg 以下不会导致甘蔗糖分下降,对土壤也不产生污染。

与蔗渣混合制肥料是将废液经过适当暴晒后与蔗渣混合堆放 30d,晒干后加工为粗肥料粉剂使用。

3. 浓缩处理技术

用石灰将酒精废水中和至 pH7～7.5,然后采用外加热循环管外沸腾蒸发器进行蒸发浓缩。蒸发冷凝下来的水可以直接回用于酒精生产,浓缩浆液掺入甘蔗渣粉,经过干燥后可回收作为肥料、饲料等。

4.酒精废水可生产蛋白饲料同时生产沼气

利用固液分离+厌氧发酵+好氧处理的工艺可以在固液分离阶段生产蛋白饲料,在厌氧阶段产生沼气作为能源使用,起到酒精废水资源化的目的。

四、典型处理工艺

(一)厌氧发酵法处理酒精废水

酒精废水处理利用一直是酒精行业环境保护的一大课题。废水中有机物和悬浮物含量高,COD一般为30000~60000mg/L,SS为10000~20000mg/L。目前,通常是回收饲料和采用传统厌氧发酵工艺进行处理。酒精废水的厌氧处理技术,我国自20世纪60年代就有应用,到20世纪80年代得到初步推广。该方法具有很多优点,如能够获得一定的能源,对于高质量浓度酒精废水的处理效果较好,工艺技术比较成型等。

厌氧发酵技术处理酒精废水也存在着以下几个方面的缺点:①一般厌氧发酵工艺处理后的出水不能达到排放标准,必须采取其他工艺(如好氧工艺)作为补充处理措施,才能够达标排放;②厌氧发酵技术污泥的培养周期较长,且培养过程中要求条件比较苛刻,运行调试时间较长,一般要1年以上才能正常运行;③酒精废液悬浮物含量高且不易分离,影响高效厌氧反应器的应用。

通过不断的研究并引进国外先进技术,厌氧发酵技术在酒精废水的处理中工艺和设备日臻完善,基本上能够满足酒精废水处理的需要。常见的厌氧发酵技术主要包括厌氧接触工艺、UASB工艺和两相厌氧消化工艺等。

1.厌氧接触工艺

厌氧接触工艺在我国酒精废水处理方面应用比较早,但由于污泥和消化液的二次污染问题在早期难以解决,限制了该工艺的应用。接触式厌氧消化器依靠冲力和外搅拌循环作用及沼气的浮力,使进口的废液与厌氧污泥充分混合,进口COD与微生物达到最大限度的接触,依靠污泥回流来延长污泥在反应器中的停留时间和增加污泥的质量浓度,从而提高反应器的有机负荷。

该工艺处理COD容积负荷一般在4~5kg/(m^3·d),COD的去除率为75%~80%,BOD_5去除率为85%~90%,产气率为5m^3/(m^3·d)。该工艺的主要优点是对酒精废水的进水悬浮物质量浓度没有要求,操作简单方便,启动容易,适用范围广泛,全糟发酵、滤液发酵、二步发酵都可以使用,产气率、COD负荷等都比较高。

当COD容积负荷提高到5kg/(m^3·d)以上时,容易产生酸化现象,去除率下降。

因此，在处理酒精滤液等高质量浓度废水时，在接触厌氧反应器后通常接有沉淀池、污泥浓缩池或者气浮池等作为后续处理工艺。

2.UASB 工艺

(1)UASB 是升流式厌氧污泥床反应器的简称，是污水厌氧生物处理新技术。UASB 反应器是高速高效厌氧反应器。未形成颗粒之前污泥呈絮状，污泥充满反应器中，沉降性能较差。当产气量高，废水上流速度较高时，絮状污泥容易被水冲出反应器。产气与水流的剪切力也容易使絮状污泥进一步分散，加剧了絮状物的溢出。产气和进水的均匀分配使反应器具有良好的污泥质量浓度，处理效率较高。上流式厌氧污泥床反应器具有很高的 COD 容积负荷，可以达到 10kg/(m^3·d)，一般 COD 去除率在 85%以上，高的可以达到 95%，产气率在 10m^3/(m^3·d)以上。当经过长期实践的运行逐步达到形成颗粒污泥的条件时，反应器内保留高度的厌氧污泥，颗粒污泥具有较好的沉降性能，在很高的产气量和高流速下能够保留在反应器当中，使 UASB 反应器允许更高的有机物容积负荷和水力负荷，COD 最高可以达到 30～50kg/(m^3·d)。

通常采用 UASB 工艺水力停留时间为 2～5d，可以降低设备造价。该工艺的主要缺点是对酒精废液中的悬浮物质量浓度比较敏感，不能处理全槽酒精废液，一般要求悬浮物质量浓度低于 5000mg/L，因此该工艺的应用受到一定的限制。

UASB 工艺污泥形成颗粒的条件比较苛刻，驯化期较长，一般启动需要 3～6 个月，如果污泥不能形成颗粒，将影响去除效果。

(2)工作原理。UASB 由污泥反应区、气液固三相分离器(包括沉淀区)和气室 3 部分组成。在底部反应区内存留大量厌氧污泥，具有良好沉淀性能和凝聚性能的污泥在下部形成污泥层。污水从厌氧污泥床底部流入与污泥层中的污泥进行混合接触，污泥中的微生物分解污水中的有机物，将它转化为沼气。沼气以微小气泡形式不断放出，微小气泡在上升过程中，不断合并，逐渐形成较大的气泡。在污泥床上部由于沼气的搅动，污泥质量浓度较稀薄，污泥和水一起上升进入三相分离器，沼气碰到分离器下部的反射板时，折向反射板的四周，然后穿过水层进入气室，集中在气室的沼气用导管导出，固液混合液经过反射进入三相分离器的沉淀区，污水中的污泥发生絮凝，颗粒逐渐增大，并在重力作用下沉降。沉淀至斜壁上的污泥顺着斜壁滑回厌氧反应区内，使反应区内积累大量的污泥，与污泥分离后的处理出水从沉淀区溢流堰上部溢出，然后排出污泥床。

(3)启动的阶段。一般把 UASB 的初次启动和颗粒化过程分为 3 个阶段，分别为启动与提高污泥活性阶段、形成颗粒污泥阶段、逐渐形成颗粒污泥床阶段。

①阶段1——启动的初始阶段。这一阶段是指反应器COD容积负荷低于2kg/(m^3·d)的一阶段污泥段。这一阶段反应器由COD容积负荷0.5～1.5kg/(m^3·d)或COD污泥负荷0.05～0.1kg/(m^3·d)开始。这一阶段洗出的污泥仅限于种泥中非常细小的分散污泥，洗出的原因主要是水的上流速度和逐渐产生的少量沼气。

②阶段2——反应器COD容积负荷上升至2～5kg/(m^3·d)的启动阶段。在这一阶段污泥的洗出量增大，其中，大多为絮状的污泥。洗出的原因是产气和上流速度的增加引起污泥床膨胀。大量污泥洗出的结果是在留下的污泥中开始产生颗粒状污泥。一般在从开始启动到40d左右，可以在反应器底部观察到颗粒污泥。在这一阶段污泥负荷的增加较快，这是因为污泥对废水的驯化过程基本完成，污泥的活性增加。这一阶段末期，污泥的洗出由于颗粒污泥的形成而减少，颗粒污泥的良好沉淀性能使其保留在反应器内。这一阶段中，反应器内的污泥质量浓度由于絮状污泥的洗出降到最低程度。

③阶段3——反应器COD容积负荷超过5kg/(m^3·d)，这一阶段中，絮状污泥迅速减少，而颗粒污泥加速形成，直到反应器内不再有絮状污泥存在。在这一阶段反应器负荷可以增加到很高，当反应器大部分被颗粒污泥充满时，其最大COD容积负荷可以超过50kg/(m^3·d)。

(4)影响因素。UASB反应器的运行是在高负荷下的生物化学过程。这一过程由厌氧微生物的生命过程完成。因此，反应器运行从根本上必须满足微生物对环境条件的需求，这些环境条件应尽量接近微生物最佳生长条件，同时也应力求避免大的波动。

在实际运行中，进出液COD质量浓度、进液流量，进水与出水的pH、反应器内pH，产气量及其组成，出水挥发性脂肪酸(VFA)质量浓度及其组成，反应器内的温度都是被监测的指标。

①出水VFA的质量浓度与组成。出水VFA的质量浓度在反应器控制中被认为是最重要的参数。因为VFA的除去程度可以直接反映出反应器运行状况，同时，VFA质量浓度的分析能较为快速和灵敏地反映出反应器行为的微小变化。在正常情况下，底物由酸化菌转化为VFA，VFA可以被甲烷菌转化为甲烷。因此，甲烷菌活跃时，出水VFA质量浓度较低。当出水VFA的质量浓度低于200mg/L(按乙酸计)时，反应器的运行状态最为良好。一般认为，当VFA的质量浓度超过800mg/L(按乙酸计)时，反应器即面临酸化危险，应立即降低负荷或暂停进液，并检查环境因

素有无改变。在正常运行中,应保持出水 VFA 质量浓度在 400mg/L(按乙酸计)以下,而以 200mg/L(按乙酸计)以下为最佳。出水 VFA 的组成也是反应器运行中监测的指标之一。正常运行中,VFA 质量浓度较低,出水 VFA 以乙酸为主,占 VFA 总量 90%以上,只有少量丙酸与丁酸。当乙酸不能很好地被甲烷菌利用时,底物会转化为较多的丙酸与丁酸。因此,出水 VFA 的组成也能反映反应器的运行状况。

②pH。在 UASB 反应器运行过程中,反应器内的 pH 应保持在 6.5～7.8,并且应尽量减少波动。pH 在 6.5 以下,甲烷菌即受到抑制;pH 低于 6.0 时,甲烷菌受到严重抑制,反应器内产酸菌呈现优势生长。此时反应器已严重酸化,恢复十分困难。

③产气量与组成。产气量也是非常重要的监测指标。首先,产气量能够迅速反映出反应器运行状态;其次,产气量可以通过进入反应器的 COD 总量、COD 的去除率等数据估算,实际产气量应当与估算值接近并维持稳定。当产气量突然减少,而反应器容积负荷没有变化时,说明运行不正常导致甲烷菌活性降低。pH 的变化、温度的降低、有毒物质等均可能是产气突然下降的原因。在稳定的 UASB 反应器中,当废水组成变化时,产气量也会发生迅速的变化。产气的组成也能反映出反应器的运行状态。当正常运行时,甲烷在产气中占 60%～80%,这一比例与废液成分有关。当运行中产气甲烷比例明显下降,可能是甲烷菌活力下降造成。当反应器内产酸菌优势生长,VFA 积累导致 pH 降低以及影响甲烷生长的其他环境因素都会导致产气中甲烷比例下降。

④污泥的洗出。另外一个监测的指标是运行过程中污泥的洗出。在反应器的启动阶段相当多的污泥从反应器中洗出,这是正常的。在启动后的运行中,也会有一定量的污泥从反应器中洗出。但是污泥在运行阶段被洗出的量应当有其限度,这一限度即洗出的污泥量应不大于同期产生的污泥量,否则反应器内污泥量大量流失,反应器将不能维持较高的负荷。

(5)注意事项。

①最好一次投加足够量的接种污泥。

②启动初期从污泥床流出的污泥可以不予回流,以使特别轻的和细碎污泥与悬浮物连续地从污泥床排出体外,使较重的活性污泥在床内积累,并促进其增殖逐步达到颗粒化。

③启动开始废水 COD 质量浓度较低时,未必就能让污泥颗粒化速度加快。

④最初污泥 COD 负荷率一般在 0.1～0.2kg/(kgTSS・d)比较合适。

⑤污水中原来存在的和厌氧分解出来的多种挥发酸未能有效分解之前，不应随意提高有机容积负荷，这需要跟踪观察和水样化验。

⑥可降解的 COD 去除率达到 70%～80%时，可以逐步增加有机容积负荷率。

⑦为促进污泥颗粒化，反应区内的最小空塔速度不可低于 1m/d，采用较高的表面水力负荷有利于小颗粒污泥与污泥絮凝分开，使小颗粒污泥凝并为大颗粒。

⑧进水中悬浮物需要适当控制，不宜过高，一般控制在 100mg/L 以下。

⑨污泥床内有短流现象，影响处理能力。

⑩对水质和负荷突然变化较敏感，耐冲击力稍差。

⑪污泥床不填载体，节省造价及避免因填料发生堵塞问题。

⑫UASB 内设三相分离器，通常不设沉淀池，被沉淀区分离出来的污泥重新回到污泥床反应区内，通常可以不设污泥回流设备。

3. 两相厌氧消化工艺

两相厌氧消化工艺是将厌氧消化的水解产酸阶段和产甲烷阶段分开运行，采用两级厌氧工艺则每一级都处于甲烷发酵阶段。在酒精废水处理中主要采用厌氧滤池系统，该工艺对于悬浮物含量较高的酒精废水处理效果较好，可以克服 UASB 工艺的缺点。由于两相发酵把产酸段和产甲烷段分开进行，使其分别在各自的适宜条件下运转，因此，各段的效率提高，但水力停留时间较长，设备投资和运转费用较高。

(二)厌氧＋好氧法处理酒精废水

酒精废水的 COD 和 BOD_5 含量较高，往往采取单纯的厌氧处理很难达标排放。而将厌氧和好氧工艺相结合，可以起到较好的处理效果。

1. UASB＋CAST 工艺处理酒精废水

采用 UASB＋CAST 工艺处理酒精废水具有工艺简单、运行可靠、节省投资、日常维护简单等特点。工程运行实践表明，该工艺运行稳定，各项污染物指标能够达到《污水综合排放标准》(GB 8979—1996)二级标准的要求。

粗馏塔的废料液经提取生物饲料后，其工艺废水先进入调节沉淀池除去部分颗粒物，经调节水量、pH，均化水质，然后进入 UASB 反应器，在此降解了大部分难降解有机物，提高废水的可生化性，出水再与工程所产生的无污染物水混合后进入 CAST 池，以去除可生物降解的污染物后达标排放。

(1)调节沉淀池：采用将废水中较大的颗粒物去除，调节 pH，作为预处理工序，为后续生化处理工序创造条件，同时削减部分有机污染物。

(2)厌氧处理采用两级 UASB 反应器。UASB 反应器主体为无填料的容器，废水由反应器底部进入，其中含有大量厌氧污泥。由于废水以一定流速自下向上流动，以及厌氧过程产生大量沼气的搅拌作用，废水与污泥充分混合，有机质被吸附分解。又由于反应器中可以形成沉淀性能非常好的颗粒污泥，能够允许较大的上升流速和很高的容积负荷，两级 UASB 处理对 COD 的去除率可以高达 95%，BOD_5 去除率高达 96%。

(3)好氧处理采用 CAST 工艺。由于厌氧处理出水可生化性很差，必须对好氧工艺加以强化，才能达标。CAST 工艺的曝气与非曝气阶段不断重复，将生物反应过程和泥水分离过程结合在一个池子中进行。其流程由进水、反应、沉淀、闲置等基本过程组成，实行连续进水、静态沉淀和间歇排水，对污染物质降解经历着"好氧—缺氧—厌氧"交替运行的过程，加之采用延时曝气与生物选择，有效地促进了难降解有机物的好氧生化。CAST 工艺的优点为运行费用省，自动化控制程度高，管理方便，氧的吸收率高，运行灵活，可根据实际情况改变运行方式。

2. UASB+接触氧化+SBR 工艺处理酒精废水

针对酒精废水较难处理的特点，采用 UASB+接触氧化+SBR 工艺技术，对废水中的有机污染物进行多级生化处理。实践证明，该工艺不仅是可行的，而且也为酒糟废水处理找到了一条新途径。

UASB 反应器设备简单，运行方便，不需填料，建设成本低，污泥量少，易于管理，并且 COD 容积负荷高，水力停留时间短，池容小，颗粒污泥质量浓度高，处理效果好。生物接触氧化池后增加 SBR 反应池，不仅使有机物得到进一步降解，并且可以进行脱氮除磷。生物接触氧化池运行稳定，不产生污泥膨胀，SBR 操作灵活，污泥活性高，耐冲击负荷，能保证处理效果，使出水水质达到国家《污水综合排放标准》(GB 8979—1996)二级排放标准。

采用 UASB+接触氧化+SBR 工艺法处理酒精废水，污染物去除率均在 99%以上，设备运行稳定，处理效果显著，出水各项指标均达到设计要求，UASB 反应器可大大提高 COD 的去除率，并可减少后续处理段的进水负荷。在生物接触氧化池后增加 SBR 系统，进一步去除有机物和 NH_3^{-N}，使出水水质保持稳定。

固液分离机分离后的酒精糟液经调节降温池均衡水量水质并降温和调节 pH 后，进入 UASB 反应器底部，经生物厌氧污泥床的生化反应，分解废水中的大量有机污染物，有机物被分解为甲烷、二氧化碳等气体，所产气体(沼气)用以发电作为能源再次利用。UASB 反应器出水进入混凝气浮装置，将难以生物降解的 COD、BOD_5 以及大部分悬浮物去除。在此加入 $500m^3/d$ 的低浓度废水有利于絮凝。气浮池出水经生物接触氧化池进入SBR系统，同时加入500m³/d的低浓度废水，有机物得到进一步降解。最后SBR出水进入二氧化氯脱色池，其出水达标排放。

UASB反应器排出的剩余厌氧污泥、气浮池排出的浮渣以及SBR系统排出的好氧污泥都进入干化厂或板框压滤机，泥饼外运作为肥料。

(三)固液分离+厌氧处理工艺处理酒精废水

固液分离+厌氧处理工艺用于酒精废水处理也是常见的处理方法，大体上可以分为3种工艺类型：第1类是将酒糟废液经过简单固液分离，分离后的滤渣含水量在85%左右，直接作为饲料销售，分离后的废液再进行厌氧或好氧处理；第2类是将酒精酒糟废液进行分离，分离后滤渣含水率小于70%，再干燥后(含水率小于13%)作为饲料销售，分离后的滤液进行厌氧或好氧处理，通常称为DDG+厌氧处理工艺；第3类是将酒糟液直接蒸发，滤渣与滤液浓缩干燥，加工成饲料销售，这种方法通常称为DDXS工艺。

1.固液分离+厌氧处理工艺

采用离心机进行固液分离，分离后的滤渣含水率大于82%，可以直接作为饲料销售，分离滤液COD质量浓度为45000～50000mg/L，进入贮料池，经过计量池，用往复泵将清液送入厌氧消化池进行高温厌氧发酵，发酵温度控制在(55±1)℃，COD去除率大于87%，可以进行综合排放。

2.DDG+厌氧消化工艺

采用沉淀池进行自然沉降，沉淀后酒糟液用泵送到板框过滤机进行过滤分离，分离后的滤饼采用滚筒干燥机进行干燥，烘干后作为饲料销售。滤液经过厌氧消化处理，可产生沼气。

3.DDGS工艺

DDGS工艺过程由固液分离、滤液浓缩、干燥等工段组成。将含水率94%左右的酒精酒糟液经过离心机分离后，滤液的30%～40%返回酒精车间拌料，另一部分送入多效蒸发器蒸发浓缩成为浓浆，再与滤渣混合干燥到含水率10%以下的粉粒状DDGS产品，进一步压制成DDGS颗粒，DDGS蛋白含量可达到27%～30%，便于存放和运输。

当前国内应用较多的工艺是固液分离+厌氧消化工艺过程，而DDG+厌氧消化工艺正在发展，DDGS工艺基本可以回收酒糟液固体物质，并较好解决环境二次污染问题，但该工艺设备投资、设备维修率及生产能耗都很高，在国内很少采用。

(四)IC+A/O 法处理酒精废水

1. IC 概述

IC 反应器即膨胀颗粒 IC 反应器(即内循环厌氧生物反应器),是在 UASB 反应器的基础上发展起来的第三代厌氧生物反应器,它通过处理水内回流再循环,大大提高了污水的上升流速,反应器中颗粒污泥始终处于膨胀状态,加强污水与微生物之间的接触和传质,获得较高的去除效率。

(1)IC 反应器构造。IC 反应器由 2 个 UASB 反应器串联构成,具有很大的高径比,一般为 4~8,高度可达 16~25m,由 5 个基本部分组成:混合区、第一反应室、内循环系统、第二反应室和出水区。其中,内循环系统是 IC 工艺的核心构造,由一级三相分离器、沼气提升管、气液分离器和泥水下降管组成。

(2)IC 反应器的工作原理。IC 反应器的 5 个基本部分有其各自的特点。

①混合区(进液和混合)。废水通过布水系统进入反应器内,在混合区与从 IC 反应器上部返回的泥水混合液及反应器底部的污泥充分混合,由此产生对进液的稀释和均质作用,从而大大减轻了冲击负荷及有害物质的不利影响。

②第一反应室(污泥膨胀床区)。废水和颗粒污泥混合物在进水与循环水的共同推动下,进入第一反应室,由于回流的影响,此部分产生较大的上升流速,最大可达 10~20m/h,导致此部分污泥处于膨胀流化状态,废水和污泥之间产生强烈而有效的接触,优化传质,大大地提高生化反应速率。有机物质在此也尽可能多地被分解,同时产生大量的沼气,这些气体被一级三相分离器收集并导入沼气提升管,通过这个提升装置,部分泥水混合物被传送到反应器顶部的气液分离器,气体在这里被分离后导出系统。

③内循环系统。第一反应室产生的气体被一级三相分离器收集进入沼气提升管中,产生气提作用。气体携带着泥水混合物快速上升,在反应器顶部的气液分离器分离之后排出,剩余的泥水混合物则经泥水下降管向下流入反应器底部的混合区,由此在反应器内形成内循环。气提动力来自上升的和返回的泥水混合物中,所以,这个泥水混合物的内循环不需要任何外加动力。值得一提的是,这个循环流的流量随着进液中 COD 的增大而自然增大,因此反应器具有自我调节的作用。根据不同的进水 COD 容积负荷和反应器的不同构造,内循环量可达进水流量的 0.5~5 倍。这对于反应器的稳定运行意义重大。

④第二反应室(精处理区)。经第一反应室处理后的废水除一部分参与内循环

外，其余污水通过一级三相分离器进入第二反应室的污泥床进行剩余COD降解过程，这部分相当于一个有效的后处理过程，提高和保证了出水水质。产生的气体被二级三相分离器收集并导出反应器。在第二反应室内的污泥负荷较低，水力停留时间相对较长，水力流态接近于推流状态，因此，废水在此得到有效处理并避免了污泥的流失。废水中的可生物降解有机物几乎被完全去除，由于大量的COD已在第一反应室中去除，第二反应室的产气量很小，不足以产生很大的流体湍动，加之内循环流动不通过第二反应室，因此混合液的上升速度很小，这两个原因使生物污泥能很好地保留在反应器内。

⑤出水区。经第一、第二反应室处理的污水经溢流堰由出水管导出，进入后续的处理工艺，经IC反应器处理后的污水COD去除率一般在80%以上。

2. IC的特点

(1)容积负荷率高，水力停留时间短。IC反应器生物量大(可达到60g/L)，污泥龄长。特别是由于存在着内、外循环，传质效果好。处理高质量浓度有机废水，进水容积负荷可达15～25kg/(m^3·d)(按COD计)。

(2)抗冲击负荷强。在IC反应器中，当COD容积负荷增加时，沼气的产生量随之增加，由此内循环的动力增大。

处理高质量浓度废水时，循环流量可达进水流量的10～20倍。废水中高质量浓度和有害物质得到充分稀释，大大降低有害程度，从而提高反应器的耐冲击负荷能力；当COD容积负荷较低时，沼气产量也低，从而形成较低的内循环。因此，内循环实际对反应器起到了自动平衡COD冲击负荷的作用。

(3)避免了形物沉积。有一些废水中含有大量的悬浮物质，在UASB等流速较慢的反应器内容易发生累积，将厌氧污泥逐渐置换，最终使厌氧反应器的运行效果恶化乃至失效。而在IC反应器中，高的液体和气体上升流速，将悬浮物冲出反应器。

(4)基建投资省和占地面积小。由于IC反应器的容积负荷率比普通的UASB反应器要高3～4倍，则IC反应器的体积为普通UASB反应器的1/4～1/3，而且有很大的高径比，所以占地面积特别小，非常适合于土地面积紧张的厂矿企业采用，同时，可降低反应器的基建投资。

(5)依靠沼气提升实现自身的内循环，减少能耗。厌氧流化床载体的膨胀和流化通过出水回流出水泵加压实现，因此必须消耗一部分动力。而IC反应器正常运行时是以自身产生的沼气作为提升的动力，实现混合液内循环，不必开水泵实现强制循环，从而减少能耗。

(6)减少药剂投量，降低运行费用。内循环的液体量相当于第一级厌氧出水的回流，对 pH 起缓冲作用，使反应器内的 pH 保持稳定。可减少进水的投碱量，从而节约药剂用量，减少运行费用。

(7)出水的稳定性好。因为 IC 反应器有上下两个 UASB 反应器串联运行，在下的一个 UASB 反应器具有很高的有机负荷率，起“粗”处理作用，在上的一个 UASB 反应器的负荷较低，起“精”处理作用。一般来说，多级处理工艺比单级处理工艺稳定性好，出水水质稳定。

(8)可在较高温度下运行。IC 可以在较高温度下运行，非常适合生产废水温度较高的情况。

第五节　油脂废水处理

一、概述

随着工业的发展，含油废水的排放量与日俱增，对环境的污染日趋严重。含油废水的危害性主要表现在：油类物质漂浮在水面，形成一层薄膜，能阻止空气中的氧溶解到水中，使水中溶解氧减少，致使水体中浮游生物因缺氧而死亡，也妨碍水生植物光合作用，从而影响水体的自净，甚至使水体变臭，破坏水资源利用价值；对于鱼、虾、贝类，它们长期在含油污水中生存，将导致其体内含有油味，不宜食用；油污染严重时还会直接导致水生动物的窒息死亡。如果油类物质未经处理直接进入水体，会直接影响水体的复氧及其自然净化过程，危害水体生态系统，严重污染周围环境。因此，开展对油脂废水的污染防治是十分必要的。

二、油脂废水的来源及特点

油脂废水主要来自油脂生产车间的浸出、物理、化学精炼过程中的连续碱炼、水化、酸化、中和、脱胶、脱臭、脱色、水洗、过滤等工序。废水中除含有高质量浓度油脂外，还含有磷脂、皂等有机物以及酸、碱、盐和固体悬浮物，COD 和 BOD_5 很高。因油脂废水多为间歇排放，成分复杂，pH 不稳定，水质水量变化幅度很大，对处理设施易造成破坏。油脂废水排放量大，有机物质量浓度高，对水资源造成很大的污染。

含油废水中的油主要以漂浮油、分散油、溶解油及油—固体物等形式存在。

(1)浮油:以连续相漂浮于水面,形成油膜或油层。这种油的油滴直径较大,一般大于 100μm。

(2)分散油:以微小油滴悬浮于水中,不稳定,静置一定时间后往往变成浮油,其油滴粒径为 10~100μm。

(3)乳化油:水中往往含有表面活性剂使油成为稳定的乳化液,油滴粒径极微小,一般小于 10μm,大部分为 0.1~2μm。

(4)溶解油:是一种以化学方式溶解的分散油,油粒直径比乳化液还要细,有时为几纳米。

三、油脂废水处理方法

含油废水处理技术,按其作用原理和去除对象一般可分为物理化学法(主要有气浮法、膜分离法、吸附法、粗粒化法、超声波法等)、化学法(主要有化学絮凝法、化学氧化法、电化学法、高级氧化法等)和生物处理法(主要有活性污泥法和生物滤池法)。各种单一净化方法都有其局限性,根据废水成分与性质、油分存在的形式、回收利用的深度、排放方式以及环境和经济的要求等因素,通常采用几种方法合理组合,形成多级处理工艺,从而实现良好的除油效果,使出水水质达到废水排放标准。

(一)物理化学法

1. 气浮法

气浮法是国内外含油废水处理中广泛使用的一种水处理技术,其原理是在水中通入空气或其他气体产生微细气泡,使水中的一些细小悬浮油珠及固体颗粒附着在气泡上,随气泡一起上浮到水面形成浮渣,从而完成分离。

目前,对气浮法的研究多集中在气浮装置的革新、改进以及气浮工艺的优化组合方面,如,浮选池的结构已由方形改为圆形,减少了死角,采用溢流堰板排除浮渣而去掉机械刮泥机构。此外,还研究了一些新型装置,如,用浮选柱处理含油污水,除油率为 90%左右,处理 $1m^3$ 污水,能耗为 0.117kW·h,比从国外引进的 WEMCO 充气浮选机能耗低 50%,成本仅为其 1/5。用浮选柱回收乳状液中的油,对给定的送液量,随送液油质量浓度的增加,油回收率下降,但产品里的油质量浓度增加;随气体流量增加,油回收率增加;随表面活性剂的增加,油回收率下降。在试验研究的基础上,结合单级气浮技术和多级板式塔理论,开发出两级气浮塔处理含油废水的新工艺,实现了塔釜一次曝气、多级气浮的分离。

试验结果表明,二级气浮塔处理效果很好,是一种具有良好应用前景的新型含油废水处理装置。

2.膜分离法

膜分离法是20世纪60年代后迅速崛起的一种新型分离技术。传统的含乳化油废水的处理方法常辅以电解、絮凝等先行破乳过程，能耗和物耗较大。而膜分离法处理含乳化油废水，一般可不经过破乳过程，直接实现油水分离。并且在膜分离法分离油水过程中，不产生含油污泥，浓缩液可焚烧处理；处理量和水质较稳定，不随进水中油质量浓度波动而变化；一般只需压力循环水泵，设备费用和运转费用低，特别适合于高质量浓度乳化油废水的处理。

膜分离法除油，关键在于膜的选择。目前，用于油水分离的膜通常是反渗透、超滤和微滤膜，它们的作用是截留乳化油和溶解油。简单的情况是乳化油基于油滴尺寸被膜阻止，而溶解油的被阻止则是基于膜和溶质的分子间的相互作用，膜的亲水性越强，阻止游离油透过的能力越强，水通量越高。含油废水中油的存在状态是选择膜的首要依据。若油水体系中的油是以浮油和分散油为主，则一般选择孔径在10～100μm的微滤膜。文献表明，以陶瓷为支持物的微滤膜处理过的含油废水中，油和油脂质量浓度在5mg/L以下，固体悬浮物质量浓度在1mg/L以下。若水体中的油是因有表面活性剂等使油滴乳化成稳定的乳化油和溶解油，油珠之间难以相互黏结，则需采用亲水或亲油的超滤膜分离，一是因为超滤膜孔径远小于10μm，二是超细的膜孔有利于破乳或有利于油滴聚结。目前，国内外主要使用醋酸纤维、聚酰亚胺、聚砜等有机膜，处理效果较好，但易腐蚀。用无机陶瓷膜处理含油废水，优点是其耐高温，耐酸、碱和有机介质的腐蚀，机械强度高，使用寿命长（一般为5年以上）。

影响膜分离除油的另一个重要因素是膜组件及与之相应的操作方式的选择。膜组件可以有多种形式，一般根据两种膜构型——平板式和管式来设计。板框膜器和卷式膜器使用平板膜，中空纤维膜器及毛细管膜器使用管式膜，多个单元膜器构成膜组件。操作方式一般分为死端操作和错流操作。其中，死端操作是传统方式，油水乳液被强制通过膜，随着被截留物（如油）在膜表面上的堆积，渗透物（如水）流量下降，必须定时清除膜表面的油，以便持续作业；错流操作是应用到实际过程中的方式，油水乳液以一定流速平行于膜表面流动，在一定程度上克服了死端操作的弊病。因此，若适当配置膜组件并合理选择膜，将获得较好的分离效果。膜分离法处理含油废水方法简单，分离效率高，能耗低；合理选择膜是实现油水分离的前提。但传统的膜分离设备存在油脱除率低、膜的清洗也较麻烦、膜易被污染等问题，亟待改进。

3. 吸附法

最常见的吸附剂是活性炭，它不仅对油有很好的吸附性能(对油的吸附容量一般为30～80mg/g)，而且能同时有效地吸附废水中的其他有机物，但其成本高且再生困难，一般只用于含油废水的深度处理。吸附树脂是近年来发展起来的一种新型有机吸附材料，吸附性能良好，易于再生重复使用，有可能取代活性炭。吸附树脂吸油饱和后，有的可再生重复使用，有的可直接用作燃料。高吸油树脂是一种具有交联结构的功能高分子材料，机械强度高、吸附能力大，是一种比较理想的处理含油废水的新型材料。

磁吸附分离法是吸附除油方面的最新研究成果，其借助磁性物质作为载体，利用油珠的磁化效应，将磁性颗粒与含油废水相结合，使油分散在磁性颗粒上被吸附，再通过分离装置将磁性物质及其吸附的油留在磁场，从而达到油水分离的目的。常用的磁性粉末有磁铁矿及铁氧体两大类。许多科研人员还致力于从工业废弃资源中寻找廉价磁性物质，如，研究用炼钢厂排放的烟气和气溶胶凝聚物，通过静电除尘后的“红土”状细粉作磁种处理含油废水，油去除率可达80％～90％。目前，该法已引起许多科研人员的兴趣，利用磁铁矿良好的吸油特性，探讨磁分离法处理含动植物油废水的原理和工艺条件，结果表明，当废水含油质量浓度为112～1855mg/L，COD为2800～8020mg/L时，用磁分离法处理可使油和COD去除率分别达到85％和75％以上。若能解决成本问题，其将具有广阔的应用前景。

4. 粗粒化法

粗粒化方法用于分散油的处理，技术关键是粗粒化材料。从材料的形状来看，可分为纤维状和颗粒状。从材料的性质来看，许多研究者认为材质表面的亲油疏水性是主要的，而且亲油性材料与油的接触角以小于70°为好。常用的亲油性材料有蜡状球、聚烯系或聚苯乙烯系球体、发泡体或聚氨酯发泡体等。也有研究表明，亲水性材料也能得到较好的除油效果。聚酰胺、聚乙烯醇、维尼纶等纤维内引入酸基(磺酸基、磷酸基等)和盐类后，使被粗粒化的油易从纤维表面离去，因此它们可作为亲水性材料。

粗粒化方法除油的效果，与表面活性剂的存在和多少有关。有微量表面活性剂的存在，能抑制粗粒化床的效果，因此该法不适合含有表面活性剂的乳状含油废水。

粗粒化除油装置具有体积小、效率高、结构简单、无须外加化学试剂、无二次污染、设备占地面积小且基建费用较低等优点，前景很好。缺点是填料容易堵塞，出水油含量较高，常需再进行深度处理。

5. 超声波法

超声波的空化效应为降解水中有害有机物提供可能，从而使超声波污水处理目的的实现。在污水处理过程中，超声波的空化作用对有机物有很强的降解能力，且降解速度很快，超声波空化泡的崩溃所产生的高能量足以断裂化学键，空化泡崩溃产生氢氧基(OH)和氢基(H)，同有机物发生氧化反应，能将水体中有害有机物转变成CO_2、H_2O、无机离子或比原有机物毒性小易降解的有机物，同时气泡的破裂增强废水的净化处理。所以在传统污水处理中生物降解难以处理的有机污染物，可以通过超声波的空化作用实现降解。

(二)化学法

1. 化学絮凝法

化学絮凝法是含油废水处理中常见的方法，并常与气浮法联合使用。常用的无机絮凝剂是铝盐和铁盐。近年来出现的无机高分子凝聚剂(如聚硫酸铁、聚氯化铝等)具有用量少、效率高的特点，而且使用时最佳 pH 范围也较宽。虽然无机絮凝剂的处理速度较快，但投药量大，污泥生成量也大。

近年来，有机高分子凝聚剂的研究发展很快。研究表明，用阳离子型高分子絮凝剂季铵化聚丙烯酰胺和聚乙烯亚胺等对由十二烷基磺酸钠等阴离子表面活性剂稳定的大豆油/水乳状液进行絮凝处理，去除率达到99.5%以上，且污泥颗粒大而密实，但由于其药剂成本较无机絮凝剂更贵，因此，目前有机高分子絮凝剂在含油废水处理方面，主要是用作其他方法的辅助剂。如何将有机与无机絮凝剂通过多种方法进行复合，以提高处理效率并降低处理成本是值得研究的课题。

2. 化学氧化法

化学氧化法常用于废水生物处理的前处理。在催化剂作用下，用化学氧化剂处理有机废水以提高其可生化性，或直接氧化降解废水中有机物使之稳定。

在化学氧化法中，超临界水氧化技术是近年来迅速发展的废水氧化技术，其原理是将水体中有机污染物在超临界水中氧化分解成为二氧化碳、水等无害的小分子化合物。超临界水氧化是一种快速、高效去除废水中有毒、有害有机化合物的方法。一些用其他方法不能有效除去的污染物，用超临界水氧化法能够处理到环境可接受的程度。

3. 电化学法

以金属铝或铁作阳极电解处理含油废水的方法，主要适用于机械加工中冷却润滑液在化学絮凝后的二级处理。目前该方法已得到广泛应用。电化学法具有处理效果好、占地面积小、操作简单、浮渣量相对较少等优点，但是它存在阳极金属消耗量大、需要大量盐类作辅助药剂、耗电量高、运行费用较高等缺点。值得注意的是，采用不锈钢等作为筐形电极，在筐内填充由金属加工中产生的铁屑等废料作为溶解性阳极，可节省优质金属材料；缺点在于金属屑之间的电接触被破坏和金属屑孔被水解产物堵塞会导致电阻增加。目前，研究改进的效果并不理想，较难用于实际。

4. 高级氧化法

高级氧化法是20世纪80年代开始形成的处理有毒污染物技术，其特点是通过反应产生羟基自由基。该自由基具有极强的氧化性，通过自由基反应能够将有机污染物有效地分解，甚至彻底转化为无害物质，如二氧化碳、水等。由于高级氧化法具有氧化性强、操作条件易于控制的优点，因此，其引起世界各国的重视，各国也相继开展该方向的研究与开发工作。

光催化氧化降解法是目前研究的处理含油废水的另一高级氧化技术。进行水面油膜污染物的光催化分解研究，已取得满意的效果。光催化氧化技术有可能实现太阳能的利用与环境保护的结合，其研究具有深远的战略意义。

(三)生物法

含油废水经隔油、浮选等处理后，出水油含量一般为20～30mg/L，若废水中存在溶解性有机物，则COD和BOD也很高，达不到国家规定的排放标准，还需进行二级处理。二级处理主要采用活性污泥法和生物滤池法。近年来生物法已有不少改进，新的发展包括曝气塔、深井曝气、纯氧曝气以及循序间歇式生物处理等，这些方法都不同程度地提高了对含油废水的处理效率。

近年来，针对传统的活性污泥法在治理石油化工污水方面对水质变化和冲击负荷的承受能力较弱以及易发生污泥膨胀、中毒等特点开展了大量的工作，旨在对传统的活性污泥法进行革新。如，半推流式活性污泥系统，集前段的多点进水和后段的推流式于一体，具有抗冲击负荷强、处理深度大、不易产生污泥膨胀、运行费用低等特点，已在饮料、印染、化工、综合废水处理方面得到成功应用，在含油废水领域的应用也取得良好的效果。

厌氧序批间歇式反应器(ASBR)是20世纪90年代在“厌氧活性污泥法”等研究基础上提出并发展的一种新型高效厌氧反应器。它由一个或几个ASBR反应器组成。运行时，废水分批进入反应器中，经过与厌氧污泥发生生化反应，到净化后的上清液排出，完成一个运行周期。它具有固液分离效果好、出水澄清、工艺简单、占地面积少、建设费用低、耐冲击负荷大、适应能力强、温度影响小、适应范围广及处理能力强等优点。

ASBR法能够直接处理高质量浓度有机废水，如酿造废水、造纸废水、制革废水和医药废水，将在含油废水处理领域具有良好的应用前景。

综上所述，含油废水的处理方法虽然较多，但各种方法都有其局限性，根据废水成分、油分存在的形式、回收利用的深度以及排放方式等多因素，在实际应用中通常是采用几种方法结合在一起，形成多级处理工艺，从而实现良好的除油效果，使出水水质达到排放标准。如，对炼油厂来说，国内多采用隔油、气浮和生化法的“老三套”处理含油废水；铁路机务段多采用隔油、二级气浮、活性炭吸附（或生物转盘）的处理工艺；机械加工车间含油废水处理采用隔油、粗粒化、气浮的工艺流程进行处理。

四、典型处理工艺

（一）气提流化床＋接触氧化＋生物碳过滤工艺

高质量浓度的油脂废水（COD质量浓度大于1500mg/L）经过酸化池、调节池、气浮池后，油去除率达到80％，COD去除率达30％。气体反应器为高级好氧生物处理装置，采用鼓风机和微孔曝气器辅以进水射流曝气，提供充足的溶解氧并形成良好的水力循环条件。废水在反应器停留时间为1h，废水中COD去除率达到40％～50％，BOD去除率达到50％～70％。油脂废水再经过生物氧化池，水力停留时间为12h，出水COD小于60mg/L，BOD_5小于20mg/L。

（二）气浮＋厌氧＋A/O工艺

厌氧池分为酸化池和产气池两个部分，这使厌氧过程的两个阶段独立进行，防止二者之间相互影响。好氧池采用接触氧化部分加部分延时曝气的方法，可保证产生的污泥量较少，从而降低了污泥处理费用，做到废水的无污泥化运行处理。该工艺能够满足高质量浓度油脂废水的处理，对COD和氨氮的去除率分别达到93％～98％和90％。

（三）无机膜＋水解酸化＋SBR工艺

无机膜＋水解酸化＋SBR工艺处理油脂废水在国内已被采用，通过无机膜陶瓷分离器作为预处理工艺处理高质量浓度油脂废水，与常见的隔油、气浮等预处理系统相比，具有工艺简单、可完全实现自动化运行、膜通量大、装置占地面积小等优点。经过膜分离处理后的废水COD降低至原来90％左右，其后再接生物处理装置如水解池、SBR池等，可以起到较好的处理效果。

无机膜分离器对油脂废水的稳定处理保证了整个工艺的处理效果，该工艺被认定为一项成熟的工业化实用工程。

(四)混凝＋交替式 UNITANK＋生物接触氧化工艺

混凝＋交替式 UNITANK＋生物接触氧化工艺称为交替式生物处理工艺，是近年引进的新型水处理工艺。该工艺为 SBR 工艺的一种变形和发展，它集合了 SBR 和传统活性污泥法的优点。一体化设计使该系统能够像活性污泥法一样在恒定水位下连续运行，并且其可以采取好氧处理，也可以好氧、厌氧交替运行实现脱氮除磷。

第六章　非点源污水与水体修复

第一节　非点源污水概述

一、非点源污水来源及分类

非点源污染也称面源污染指溶解性或固体污染物在大面积降水和径流冲刷作用下，汇入受纳水体而引起的水污染，其主要来源包括水土流失、农业化学品过量施用、城市污水、畜禽养殖和农业与农村废弃物等。

非点源污染可以分为随水文产流过程而形成的产污过程和随水文汇流过程而形成的入河过程。非点源污染的源强主要是由于人类活动而积累在地表的污染物，如投放到农田中的化肥和农药，累积在城市街道的地表沉积物、畜禽养殖产生的粪便和污水及垃圾、矿山的固体废物等。一般从源强的角度上，通常把非点源污染分为农田径流、畜禽养殖污水、城市径流、矿山径流和农村生活污水5类。

这样分类的目的一方面有利于认识各类非点源污染的规律，如，城市径流污染和农村径流污染存在很大的差异，从而可以更好地进行水质预测；另一方面也为非点源污染控制提供更好的途径。

二、非点源污染危害及特征

非点源污染造成大量泥沙、氮磷营养物、有毒有害物质进入江河、湖库，引起水体悬浮物质量浓度升高、有毒有害物质含量增加、溶解氧减少，水体出现富营养化和酸化趋势，不仅直接破坏水生生物的生存环境，导致水生生态系统失衡，而且还影响人类的生产和生活，威胁人体健康。

目前，随着农业的发展，我国化肥和农药施用量逐年增加，它们的过量使用造成大量化肥和农药随降水或灌溉用水流入水域，非点源污染负荷所占的相对密度也逐年增加。在许多水域，非点源污染负荷已经超过点源污染负荷，成为水污染的主要来源之一。

非点源污染已经成为继点源污染以后我国最主要的一类污染源。长期以来，我国的环境管理形成了以点源控制为重点、以城市为主要环境管理对象的模式，但在新形势下，其出现了很多不适应性。如何能够有效地进行非点源污染控制，将环境管理在农村地区广泛开展是一项重要的工作。

非点源污染的特征如下：

（一）随机性

非点源污染的发生具有随机性，从非点源污染的起源和形成过程分析，非点源污染与区域内降水过程密切相关，受水文循环过程的影响和支配。因此，降水的随机性决定非点源污染的形成具有较大的随机性。

（二）广泛性

随着经济的发展，人类向环境排放污染物的种类和排放途径逐渐增加，这些污染物或是以污水的形式通过排污口进入水体，或是进入大气，或是累积在地表。当发生降雨时，随着汇流过程，累积在地表的污染物将随着径流进入水体，这一过程在空间范围上具有分散、范围广等特点。

（三）滞后性

以非点源污染中的农业非点源污染为例，农田中农药和化肥施用造成的污染，在很大程度上与降雨和径流密切相关，即只有在降雨驱动下才能发生污染。因此，施放在农田的农药和化肥可能长时间地积累在地表，只有在降雨时发生产汇流过程，才会出现污染，在时间上具有滞后性。

（四）不确定性

影响非点源污染的因子复杂多样，如，地形、土壤条件、人类活动等。由于缺乏明确固定的污染物、排放点不固定、排放具有间歇性等原因，污染物的来源、污染负荷等均存在很大的不确定性，使非点源污染控制变得更加困难。

（五）难监测性

非点源污染的发生主要受到气候条件（如降雨等因素）的影响，其强度受到地理条件的强烈影响，因其不确定性、滞后性等一些特性使人们对非点源污染的监测和对其在水污染中贡献率的客观评价十分困难。

（六）难治理性

上述几个特点决定了人们在研究和控制非点源污染方面具有较大的难度。传统的点源污染控制采取的末端治理技术很难有效地控制非点源污染。

（七）公众意识不强

至今，公众对由农田施用化肥和农药等引发的污染以及农业生产过程中产生的污染缺乏足够的认识，对隐藏性强、分散的村落污水垃圾及畜禽粪便等有机废弃物给水环境带来的危害缺乏重视。

目前，国内外在水体修复中所采用的方法有物理修复、化学修复、微生物修复、生态修复等，方法的选用取决于污染物的性质及其所处的环境。

第二节　污染水体的微生物修复

一、微生物修复原理

微生物修复指人为地、有意识地利用生物的生命代谢活动，降低水体中有毒有害物质的质量浓度或使其完全无害化，将污染水体部分或完全地恢复到原来的洁净状态。广义的生物修复是利用特定的生物（植物、动物、微生物等）吸收、转化、清除或降解环境污染物，使污染物的质量浓度降低到可接受的水平，或有毒有害的污染物转化为无害的物质，实现环境净化、生态效应恢复的生物措施。由此，生物修复又可分为植物修复、动物修复和微生物修复。狭义的生物修复是指利用微生物的作用将环境中污染物降解、转化为无害物质的过程，即微生物修复。其主要方法包括接种高效菌种、投加酶制剂、添加表面活性剂、补充营养物质、提供电子受体及共代谢基质、应用各类的生物反应器等。

城市污染水体通常是缓流型的，具有稳定的特性，且深度一般不超过 1.5～2.5m，属兼性塘，上层为好氧层，下层为厌氧层。在此类水体中存在着细菌、藻类、原生动物、后生动物等种类繁多的微型生物，污染水体的生物修复与天然水体的自净过程极其相似。污水排入水体后，一些可沉降的固体和可凝聚的胶体物质沉降到水体底部，形成底泥层，并在此进行厌氧分解。其余可溶性或悬浮有机物在表层被好氧菌或兼性厌氧菌氧化分解，释放出氮、磷和二氧化碳，而存在于水体表层的藻类又利用这些无机物，以阳光为能源，进行光合作用释放出氧气。溶解氧又被好氧菌所利用，构成了藻菌共生体系。

（一）细菌在水体修复过程中的作用

在此类水体中对有机污染物降解起主要作用的是细菌，细菌优势种和其他好氧生物处理系统的优势种相似，绝大部分属兼性菌。这类细菌以有机化合物（如碳水化合物、有机酸等)作为碳源,并以这些物质分解过程中产生的能量维持其生理活动,而氮源既可以是含氮有机化合物,也可以是含氮无机化合物。此外,还存在着好氧菌、厌氧菌以及自养菌。微生物降解有机物的方式:(1)通过微生物分泌的胞外酶降解;(2)污染物被微生物吸收到细胞内后,由胞内酶降解。微生物从细胞外环境中吸收摄取物质的方式主要有主动运输、被动扩散、促进扩散、基团转位、胞饮作用等,微生物降解有机污染物的反应类型有氧化、还原、基团转移、水解、酯化、氨化、乙酰化等作用和缩合、双键断裂等反应。

(二)藻类在水体修复过程中的作用

微型藻类是水体中另一类重要的微生物。藻类具有叶绿体,含有叶绿素或其他色素,能借助这些色素进行光合作用,产生并向水体提供氧气。其优势种的种类与季节、有机负荷有关。藻类另一主要功能是去除氮和磷,有些藻类可吸收超过自身需求的营养盐,特别是磷,称为超量吸收。藻类的光合作用降低水中二氧化碳的质量浓度,引起水体的 pH 上升,使一些营养盐沉淀下来。藻类在阳光和二氧化碳受限时,可直接吸收利用某些有机物作为碳源。藻类还能吸收积累一些金属。

(三)微型动物在水体修复过程中的作用

原生动物的营养方式有多种,而绝大多数原生动物为动物性营养,以吞食其他生物(如细菌、藻类)或有机颗粒为生。水体中的原生动物与环境条件有关,当有机物质量浓度较高时,可刺激植鞭毛虫如眼虫的生长,雨后会逐步让位于游泳型纤毛虫(如豆形虫、草履虫、游仆虫等)。当细菌群落下降时,有柄纤毛虫如钟虫和累枝虫等出现。当有机物质量浓度极低,而溶解氧质量浓度又较高时,会出现后生动物(如轮虫和甲壳类)。这些动物以藻类和细菌为食,降低水体中的藻菌含量,使水体变清。此外,还存在着其他一些无脊椎动物,在底泥中底栖线虫、颤蚓、摇蚊幼虫、蠕虫等有稳定底泥的作用。蠕虫和蝶幼虫有增加底泥和水在固液界面的物质交换速率的作用。原生动物和后生动物优势种的种类和数量与水体的溶解氧和有机负荷有关,因此也可作为水体水质变化的指示生物。

(四)水体的生态平衡

污染水体修复的最终目的是恢复并保持水体生态平衡。在水体中存在着多条食物链,这些食物链纵横交错构成食物链网。从食物链的角度考虑,光合细菌、藻类以及水生植物是生产者,原生动物则以细菌和藻类为食物大量繁殖,成为后生动物及甲壳类动物的食料,继而又被鱼类所吞食。在水体中鱼类处在最高营养级,藻类(主要是大型藻类)和水生植物也是鱼类的食物。水体中动植物残体以及排入的各类污废水富含有机营养物质,可被异氧菌分解为简单有机物和无机物,同时其自身得到大量生长繁殖。如果各营养级之间保持适宜数量关系,则能建立起良好的生态平衡,使水体中的有机污染物得到降解转化,水质最终获得改善。

二、微生物修复的影响因素

微生物生存的场所中,对微生物生长、发育、繁殖、行为和分布具有直接或间接影响的环境要素,称为生态因子。从生态学角度看,所有生态因子构成生物的生态环境。对于一个特定的生态环境,必有一个或几个因子起主导作用,这种因子称为限制因子。污染环境的生物可修复性取决于内因和外因。内因即污染物本身特性和微生物自身特性,外因则是环境中存在的促进或抑制生物吸收、降解、转化的物理、化学和生物条件。两者相比,内因更为重要。然而,对于特定污染水体的修复,环境条件则起到决定性的作用。影响微生物生存、生长和活性因子包括非生物(物理、化学)及生物因子。这些因子不仅影响微生物对污染物降解转化速率,也影响生物降解的特征及持久性。环境条件的多样性对污染水体生物修复具有显著的影响。

(一)非生物因子

微生物对影响生长和代谢的非生物因子有一定的耐受范围。某一环境中有多种微生物参与修复,比只有一种微生物参与的耐受范围宽。但如果环境条件超出了所有参与修复微生物的耐受范围,则微生物的修复作用就会停止。影响微生物修复的主要非生物因子包括温度、pH、电子受体、营养物质以及共存物质。

1. 温度

温度不仅对生物个体的生长、繁殖等生理活动产生深刻的影响,而且对生物的分布及数量等起到决定性的作用。微生物可生长的温度范围较宽,大多数微生物在最适宜的范围内,随着温度升高、体内新陈代谢速率加快,生长速率也在加快,但也容易老化。一般而言,在春秋季开展水体生物修复较为适宜,而冬季温度较低,微生物生长减缓或活性减弱,修复效果不甚理想。

2. pH

环境中的 pH 对微生物的生命活动有很大影响,其作用包括:引起细胞膜电荷的变化,影响微生物对营养物质的吸收;影响代谢过程中酶的活性;改变生长环境中营养物质的可供性及有害物质的毒性。自然环境的 pH 一般在 5～9,也是绝大多数微生物生长最适宜的 pH 范围。适宜的 pH 只代表微生物生活的外部条件,细胞内部环境必须保持接近中性，以保持酶的活力。在酶最适宜的 pH 范围内，酶表现出较高的活性；反之，酶的活性则会降低。胞外酶的最适宜 pH 通常接近环境的 pH，而胞内酶的最适宜 pH 一般是在接近中性的范围内。如在某些酸化水体的生物修复中，应先调节水体的 pH，再实施生物修复。

3. 电子受体

微生物氧化还原反应的最终电子受体分为 3 类，包括溶解氧、有机物分解的中间产物和无机酸根（如硝酸根、硫酸根、碳酸根等）。大量基质的降解需要有电子受体的充分供应，氧气是优先的电子受体，即在好氧条件下才能发生迅速的转化作用。当氧气扩散受到限制时，污染物的降解速率就受到影响，如，水面上漂浮的油膜会限制氧气向水体内部扩散；而在波浪和风力作用下，氧气的供应会得到改善。对天然水体而言，溶解氧质量浓度至少要维持在 2mg/L，才能保证生物修复的进行。

4. 营养物质

对于微生物生长，碳的重要性是显而易见的。在污染水体中碳源一般充足，但因碳源以微生物不可利用或缓慢利用的络合形式存在，会出现碳源是微生物生长限制因子的情况。如果进入环境中有机污染物质量浓度较高，碳源一般不会成为生长限制因子，而营养盐类可能成为限制因子，如，对油泄漏而引起的水污染进行生物修复时，加入氮和磷后可加速降解过程。矿物元素是微生物生长必不可少的一类营养物质，它们在细胞内的作用包括：构成细胞的组成成分；作为酶的组分、维持酶的活性；维持细胞结构的稳定性，如，维持和调节细胞渗透压平衡、细胞膜透性、原生质的胶体状态，以及控制细胞氧化还原电位；作为某些臭氧菌的能源。微生物需要的无机盐有磷酸盐、硫酸盐、氯化物、碳酸盐、碳酸氢盐等。根据微生物对矿物元素的需求量，可分为：常量元素包括钾、钠、钙、镁、磷、硫等，参与细胞结构组成，并与能量转移、细胞透性调节功能有关，需求量较大（$10^{-4}\sim10^{-3}$ mol/L）；微量元素包括铁、铜、锌、锰、硼、钴、钼等，一般是酶的辅助因子，需求量较小（$10^{-8}\sim10^{-6}$ mol/L）。此外，还有一些微生物不能从普通碳源、氮源物质合成，需少量加入才能满足机体生长需要的有机物，即生长因子，主要包括维生素、氨基酸、嘌呤和嘧啶碱基 3 种类型。微生物对生长因子需求量很小，但生长因子在微生物机体生长中不可或缺。不同类群的微生物对生长因子的需要具有明显差异，缺乏或丧失合成一种或几种生长因子能力的微生物称为营养缺陷型。自养型微生物具有自身合成生长因子的能力，而一些异养型微生物往往不能或只能部分合成所需的生长因子。

5.共存物质

微生物在环境中还受到各种化学物质的影响，其中，有些是有利于微生物生长即起促进作用，而另一些是不利于微生物生长即起抑制作用。在自然环境或污染环境中经常是多种基质混杂共存的，其质量浓度可以高到使微生物中毒，也可低到不能维持微生物的生长。多种微生物和化学物质共存条件下的生物降解与一种微生物对一种化合物生物降解具有很大的差别。对微生物起促进或抑制作用的因素也将随不同的微生物类群和种类而不同。对一种微生物生长不利的影响因素有可能对另一种微生物是不可或缺的必要生长因素，表现出环境微生物的多样性。共代谢机制就是促进作用的一种表现，如果一种基质是共代谢物，它会因为另一种基质的添加而明显受益。对环境微生物产生抑制作用的化学物质的种类繁多。重金属是一类对环境微生物影响广泛的化学物质，如铅、汞、铜、镉、铬等。一些有机物也会对多数微生物具有杀伤作用，如甲醛、酚及其衍生物、醇类等，此外还有杀虫剂类、除草剂类、染料类等。

(二)生物因子

在自然界中，各种微生物极少以纯种方式存在，总是较多种群聚集在一起，并和动植物共同生活在某一生态环境中，构成生物群落的一个群体。生物群落中各个群体内部和群体之间相互作用形成非常复杂而多样性的关系。它们之间相互依存、相互影响、相互竞争、相互制约的关系，促进生物界的发展和进化。在生物修复中，也需要多种微生物的合作，这种合作无论是在污染物的最初转化反应还是在以后的矿化作用中都可能存在。

就个体微生物在某一生态环境中的生存而言，由于存在的各种复杂的关系而受到其他微生物的强烈影响，通常可将微生物间的相互关系划分为3类：中立关系，指在两种微生物的生长中，彼此之间没有任何相互影响；正相关关系，指一种微生物的生长和代谢能够促进另一种微生物的生长，或相互有利，如互生、共生等；负相关关系，指一种微生物的生长和代谢有害于另一种微生物的生长，或相互有害，如竞争、拮抗、寄生、捕食等。

三、生物修复的类型和实施

目前，已具备应用条件的生物修复技术种类较多，根据修复实施的场所可将生物修复划分为原位生物修复、异位生物修复以及原位异位联合生物修复。原位生物修复强调污染物存在的初始空间分布；异位生物修复则具有更多的人为调控和优化的因素；将两者相结合，便形成原位异位联合生物修复。

(一)原位生物修复

原位生物修复指在基本不破坏水体自然环境的前提下，对被污染水体不作任何输送而在原污染场所进行的生物修复。其修复过程主要是利用原污染地的土著微生物的代谢作用，将环境中的污染物质降至不对环境产生危害的低水平。由于其净化过程是生物代谢过程，所以一般不会产生二次污染。被污染环境中各种微生物本身与污染物长期共存的，在自然状况下对污染物质的去除作用应该是有限的。采取工程措施，人为地创造合适的环境条件，有目的地调控环境系统中的生物过程，大幅度提高土著微生物的数量和活性，增强其代谢能力，是发挥原位生物修复作用的关键所在，也称为生物强化修复。在一些较为复杂的环境中，仅靠土著微生物难以大幅度提高净化效率，可适当地引入经培养驯化、对污染物具有特殊亲和性的微生物，利用外来微生物的某种生态优势建立新的种群，使被污染环境中的微生物群落结构发生一定的变化，而新的群落具有降解污染物的优势，也称为生物接种修复。

原位生物修复的主要技术手段有以下几种。

1. 增加溶解氧，提高微生物的活性

在工程上可以通过曝气充氧实现。该方法综合曝气氧化塘和氧化沟的原理，结合推流和完全混合的特点，有利于克服短流和提高缓冲能力，同时也有利于氧的传递、液体混合和污泥絮凝，能有效地消除水体的黑臭现象。该技术由于设备简单、易于操作而被许多国家优先选用。

2. 投加外来优势菌种，强化污染物的分解速率

投菌技术是直接向污染水体中投加经过培养驯化筛选的一种或多种微生物菌种。基因工程菌也属该范畴。但外来菌种引入的安全性仍然是首要考虑的问题，只有在经过周密细致的考察，确保水环境绝对安全的前提下，才能被推广应用。

3. 投加微生物生长促进剂，强化土著微生物的生长、代谢和繁殖

微生物生长促进剂包括：营养物质，以满足微生物生存的需要；表面活性剂，以促进污染物质与微生物的充分接触，提升水体复氧速率；碳源和能源，以保障微生物共代谢机制，有利于共代谢化合物的分解；酶类制剂，以强化污染物降解速率。

4. 生物膜技术

这是指以天然材料（如卵石、砾石及天然河床等）或人工合成接触材料（如塑料、纤维等）为载体，以一定的方式在水体中布放，利用在其表面形成黏液状的生物膜对污染水体进行净化。由于载体比表面积大，可附着大量的微生物，因此对水体中的污

染物具有很强的降解能力。生物膜技术具有处理效率好、有机负荷高、接触停留时间短、占地面积小、投资少的优点。因此，适合于城市中小河道及湖泊的原位修复。目前，可采用的方法主要有人工接触材料氧化法、接触氧化法、生物活性炭净化法等，在日本、韩国以及欧美一些国家均已有应用该技术处理河道、湖泊的工程实例。然而生物膜技术应用时，筑坝及载体的布放均会对水体的生态结构及使用功能如航运、泄洪防洪等造成一定影响。

（二）异位生物修复

异位生物修复是将被污染水体输送至其他场所进行的集中强化生物修复处理。异位生物修复的基本原理和工程措施与一般概念上的污染处理工程类似，即构建一个污染物处理设施，如各类生物反应器等，然后将被污染的水引入该反应器中，经过一个完整的处理过程，使污染的水得以净化，随后将其导出反应器，返回原水体。然而这种方法增加了被污染介质的运送工程和费用，如果被污染范围很大，要将大量的被污染介质进行输送几乎是不可能的，此时异位生物修复难以实现。相比之下，原位生物修复具有成本低廉但效果较差的特点，适合于大面积、低污染负荷的水体；异位生物修复具有修复效果好但成本高昂的特点，适合于小范围、高污染负荷的水体。

（三）原位异位联合生物修复

原位异位联合生物修复是合理协调地将原位生物修复和异位生物修复组合来对污染水体进行的生物修复方法，具有扬长避短的特点和良好的发展前景。当实施原位生物修复时，若存在较大的难度或者目标场所中污染物质的质量浓度过高，甚至可能对微生物产生一定的毒害作用，则应考虑采用工程辅助手段，将实施修复场所中的小部分污染介质引出，转移到生物反应器或其他净化设施中进行处理。但原位与异位生物修复相结合必须保持原位修复的基本特征，即无须过多地输送污染介质以及建造大型的工程构筑物。

第三节　污染水体生态修复技术

一、生态修复概念

生态修复指在遵循自然规律的基础上，在特定的范围内，通过人类的作用，将生态系统本身的自组织和自调控能力与人工调控能力相结合，实现对部分或完全受损的生态系统的恢复、重建和改造，重新获得有益于人类生存和生活的良性生态系统。生态修复的基本思想是通过生物、生态、工程的技术和方法，人为地改变和切断生态系统退化的主导因子或过程，调整、配置优化系统内部及外界的物质、能量和信息等流动过程和时空次序，使生态系统的结构、功能和生态潜力逐步恢复到接近或达到原有的水平。

二、水体植物修复技术

水生植被是由生长在水体浅水区和周边滩地上的沉水植物、浮叶植物、漂浮植物、挺水植物和湿生植物群落共同组成。这几类植物群落均由大型水生植物组成，俗称水草。其中，浮叶植物、漂浮植物、挺水植物及湿生植物的生产力接近于陆生植物，有些在富营养化条件下其生产力可超过陆生植物。利用水生植物富集氮磷是治理、调节和抑制水体富营养化的有效途径之一。

(一)水生植物净化作用

1.水生植物对水体中氮磷的吸收，为营养物质提供输出渠道

当大量的氮磷进入水体会引起水环境富营养化，导致浮游藻类大量生长，形成水华。而这些营养元素也是大型水生植物生长所必需的。实践表明，水生植物，尤其是沉水植物修复具有明显的去除氮磷的效果。为适应在水中生长，沉水植物的茎、叶和根一样具有吸收作用，通过根部吸收底泥中的氨磷或植物体吸收水中氮磷，从而具有比浮水植物更强的富集氮磷的能力。此外，沉水植物的表皮细胞含叶绿素，能进行光合作用，其所处水域溶解氧含量大大超过漂浮植物水域，如，苦草、金鱼藻、篦齿眼子菜、微齿眼子菜、轮藻、伊乐藻等均对水体中氮磷有去除能力，其中，伊乐藻、苦草的去除能力最强。

2.高等水生植物对藻类生长具有抑制作用

高等水生植物对藻类的抑制作用，一方面是因为水生植物与浮游藻类争夺营养和光照而抑制藻类的过量生长；另一方面也是最主要的原因是化感抑制作用的存在，即水生植物通过释放某些化学物质抑制其他个体或自体的现象，这些物质称为化感物质。相对于浮游藻类而言，在光能竞争上，挺水植物、浮叶植物及漂浮植物占绝对优势，沉水植物则略微占优，但其在营养竞争上明显占优。凤眼蓝、喜旱莲子草、满江红、紫萍、浮萍、豆瓣菜等与雷氏衣藻之间存在着相生相克关系，并以凤眼蓝的抑制效应最强。从凤眼蓝、喜旱莲子草、石菖蒲等的种植水中得到的分泌物粗提物也表现出对雷氏衣藻的抑制效应，表明水生植物处在旺盛生长期时，能向水体分泌出某些化感

物质，杀死藻类或抑制其生长繁殖。

3. 水生植物对受污染水体中污染物质的吸收和去除

随着我国经济的迅猛发展，生活污水和工业废水的排放量也显著增加，有机污染物和重金属成为水体的主要污染源。漂浮植物、挺水植物、湿生植物等具有较强的清除污染物的能力，其中，凤眼蓝、芦苇、风车草为代表性物种。有机污染物的去除机制主要有：直接吸收并在植物组织中积累非植物毒性的代谢物；释放促进生物化学反应的酶，促进有机污染物的降解去除；水生植物可以通过发达的根部向水体供氧，并以根和茎为细菌和其他微生物提供生长介质，强化根基的矿化作用，与根菌和同生菌协同作用，提高去除水体中有机污染物的功能。重金属污染去除机制是通过：①植物固定作用，使污染环境中的金属流动性降低，生物可利用性下降，使金属对生物的毒性降低。②植物挥发作用，植物将污染物（如汞、砷等）吸收到体内后，又将其转化为气态物质，释放到大气中，但由于这些金属进入大气中对人类和生物有危害性，因此其应用受到限制。③植物吸收作用，利用能超量积累金属的植物对金属离子的吸收特性，去除水体中重金属物质。

（二）水生植物种类的选定

在水体生态系统中，水生高等植物是水体保持良性运行的关键生态类群。其中，沉水植物因其完全水生的特点，对环境胁迫的反应最为敏感。在水生植被恢复中应注意水生植物与环境的协同演替作用，并进行优化设计，考虑的因素有水体生态功能的界定，水质和透明度，水体形态、底质条件和水文条件，水体营养平衡和生态平衡等。

1. 在优化设计中，首先选择先锋物种

在对水生植物生物学特性、耐污性、对污染物去除能力、光补偿点等进行研究的基础上，筛选出几种具有耐受性的、能适应水体水质现状的物种作为修复的先锋物种，同时，也为水生植物群落的恢复提供建群物种。物种选择需遵循适应性、本土性、强净化能力和可操作性原则。随后必须根据环境条件和群落特性，合理配置水生植物群落，一般配置多种、多层、高效、稳定的植物群落，以构建可持续利用的生态系统，达到修复目标。

2. 构建人工植物群落时，要考虑水平空间配置和垂直空间配置

水平空间配置指在水体的不同污染区域配置不同的植物群落。依据修复目标，又可分为生态型和经济型植物群落。生态型植物群落以治理水污染、促进生态系统恢复为主要目标，其建群物种一般为耐污、去污能力强、生长繁殖快、环境效益好的物

种。而经济型植物群落注重经济效应的发挥，一般为经济价值高的物种。对严重污染水体应配置生态型植物群落为主；而对污染较轻的水体，应在生态修复同时，适当地配置生态型和经济型植物群落。垂直空间配置指充分考虑水生植物群落的生长和分布与水深的密切关系，如挺水植物群落、某些沉水植物群落（如菹草群落和马来眼子菜群落）等只能分布在浅水区，而苦草群落则可分布在较深水区。因此，在进行群落配置时，必须注意不同生活型植物群落与不同沉水植物群落对水深的要求。从岸边至水体中心，随水深的增加，分别选用不同生活型或同一生活型不同生长型的水生植物，以占据不同的窄间生态位，适应不同水深处的光照条件，构建合理优化的水生植被。

根据上述选种原则，在污染水体修复中，结合以种植某些水生维管束植物可进一步改善水质状况。一般认为凤眼蓝、喜旱莲子草、绿萍等漂浮植物具有很强的耐污能力，芦苇、水葱、香蒲等挺水植物有中等耐污能力，而眼子菜、茨藻、金鱼藻等沉水植物适合生长于污染较轻的水体中。

三、生物稳定塘修复技术

（一）生物稳定塘功能与原理

稳定塘是经过人工适当的修整，并设有围堤和防渗层的池塘。污水在塘内经较长时间的缓慢流动、贮存，通过细菌、真菌、藻类及原生动物等微生物的代谢活动，使污水中的有机物降解，从而使污水得到净化。

1. 稳定塘生态系统

稳定塘生态系统由生物和非生物两部分组成。生物部分主要包括细菌、藻类、原生动物、后生动物、水生植物以及高等水生动物；非生物部分包括光照、风力、温度、有机负荷、溶解氧、pH、二氧化碳、氮、磷等。

细菌在稳定塘内对有机污染物的降解起主要作用。稳定塘中的绝大部分细菌属兼性异养菌，这类细菌以有机化合物作为碳源，并以这些物质在分解过程中产生的能量作为维持其生理活动的能源。此外，在相应的稳定塘中还存活着好氧菌、厌氧菌以及自养菌。

藻类具有叶绿体，能进行光合作用，是塘中溶解氧的主要提供者，在稳定塘内起着十分重要的作用。藻类在光照充足的白昼，吸收二氧化碳放出氧；在黑暗的夜晚，消耗氧并放出二氧化碳。稳定塘内藻类的主要种属有绿藻和蓝藻等。

在稳定塘内，也出现原生动物和后生动物等微型动物，它们捕食藻类、菌类，防止其过度增殖，其本身又是良好的鱼饵。水生植物能够提高稳定塘对有机污染物和氮、磷等无机营养物的去除效果，水生植物收获后也可作他用，能够取得一定的经济效益。

在稳定塘内存活的不同类型的生物构成其生态系统。菌类共生体系是稳定塘内最基本的生态系统。其他水生植物和水生动物的作用则是辅助性的，它们的活动从不同途径强化污水的净化过程。

稳定塘内生态系统中各种生物种群的作用各不相同，存在着相互依存、相互制约的关系。

(1)菌藻共生关系

在稳定塘内对溶解氧有机污染物起降解作用的是异养菌，每分解 1g 有机物需氧 1.56g，而每合成 1g 藻类，释放出 1.244g 氧。因此，细菌代谢活动所需的氧由藻类通过光合作用提供，而其代谢产物二氧化碳又提供给藻类用于光合作用。

(2)稳定塘内的食物链

在稳定塘内存在着多条食物链，这些食物链纵横交错构成食物链网。细菌、藻类及一些水生植物是产生者，处于最低营养级；细菌与藻类为原生动物及枝脚类动物所食用，并不断繁殖，它们又为鱼类所吞食；藻类和水生植物既是鱼类饵料，又可能成为鸭、鹅等水禽类的饲料。在稳定塘内，水生动物处在最高营养级。如果各营养级之间保持由多到少的关系，则既能使污水中有机污染物得到降解，又能使其产物得到充分利用，最终得到鱼、鸭和鹅等水禽产品。

2.稳定塘内各种物质的迁移与转化

(1)碳的转化与循环

污水中的碳主要以溶解性有机碳形式进入稳定塘，在塘内先通过细菌的新陈代谢，使溶解性有机碳转化为无机碳，又通过合成作用使细菌本身得到增殖；藻类通过光合作用吸收无机碳，本身得到增殖，当无光照射时，藻类通过呼吸作用释放无机碳；死亡细菌、藻类沉入塘底，在厌氧作用下，分解成溶解性有机碳和无机碳；塘中不溶性有机碳在塘底厌氧条件下分解，进而转化为溶解性有机碳和无机碳。

(2)氮的转化与循环

污水中的氮主要分为有机氮化合物和氨氮两种形态。进入稳定塘后，有机氮化合物在微生物作用下分解为氨态氮；氨态氮在硝化细菌作用下，转化为硝酸盐氮；硝态氮在反硝化菌作用下，还原为分子态氮；在 pH 较高、水力停留时间较长、温度较高条件下，水中氨态氮以 NH3 形式存在，可向大气挥发；氨态氮或硝态氮可作为微生物及各种水生植物的营养，合成其本身机体，死亡的细菌和藻类经解体后形成溶解性有机氮和沉淀物；沉淀在厌氧区的有机氮在厌氧细菌作用下，也可分解。

(3)磷的转化与循环

污水中既含有有机磷化合物，也含有溶解性无机磷酸盐。细菌、藻类及其他生物一方面能吸收无机磷化合物以满足其生命活动需要，并将其转化为有机磷；另一方面又可氧化为有机磷，使溶解性磷与不溶解性磷不断地相互转化。

3.稳定塘对污水净化作用

(1)稀释作用

进入稳定塘的污水在风力、水流以及污染物扩散作用下与塘水混合，使进水得到稀释，其中，各项污染指标的质量浓度得以降低。

(2)沉淀和絮凝作用

进入稳定塘的污水，由于流速降低，所携带的悬浮物沉于塘底。另外，水中生物分泌物一般都具有絮凝作用，使污水中的细小悬浮物产生絮凝，沉于塘底成为沉积层，进而可使水中SS、BOD、COD等指标降低。

(3)水生植物作用

水生植物能吸收氮、磷等营养，使稳定塘去除氮、磷的功能得到提高；其根部具有富集重金属功能，还有向水中供氧功能；其根和茎能吸附有机物和微生物。

(4)微生物代谢作用

在好氧条件环境中，异养菌和兼性菌对有机物的代谢作用，是稳定塘内污水净化的主要途径。绝大部分有机污染物都是在这种作用下得以去除的。在兼性塘底沉积层和厌氧塘内，厌氧菌对有机污染物进行厌氧发酵，其过程经过水解，产氢、产乙酸和产甲烷3个阶段，产物主要是甲烷、二氧化碳及硫醇等。

(5)浮游生物的作用

稳定塘内的多种浮游生物在净化污水中从不同方面发挥着作用。藻类的主要功能是供氧，同时也可从塘水中去除一些污染物，如氮、磷等；在稳定塘内的原生动物、后生动物及支脚类浮游生物的主要功能是吞食游离细菌和细小悬浮物，同时，它们还能分泌具有絮凝作用的黏液；底栖动物能摄取污泥层中藻类或细菌；鱼类等捕食微型水生动物和水中残留物。

(二)稳定塘类型及其运转

稳定塘有多种分类方式，一般是根据塘中微生物优势群体类型和塘水中溶解氧情况划分，可分为好氧塘、兼性塘、厌氧塘和曝气塘等。

1. 好氧塘

好氧塘深度较浅，水深一般在0.6～1.2m，阳光照射到塘底。依靠藻类放氧及大气复氧供氧，塘水呈好氧，白天藻类密度高时全塘溶解氧处于过饱和状态，夜晚光合作用下降，黎明时塘中溶解氧最低。由好氧细菌起着净化有机物作用，BOD5去除率高，但出水中藻类较多，加氯消毒后能形成三氯甲烷等危害物质。

好氧塘内物质分布均匀，污水停留时间短，净化能力强，溶解性BOD5去除率高。但是，由于有机负荷低，造成占地面积大，且处理水中藻类含量高，排放前需进行自然沉淀或混凝沉淀。此外，好氧塘不能去除游离的细菌。

2. 兼性塘

兼性塘有效水深一般为1.0～2.0m，从上到下分为3层：上层为好氧区；中间层为兼性区；塘底为厌氧区，沉淀污泥在此进行厌氧发酵。

兼性塘投资省，管理方便；耐冲击负荷较强；处理程度高，出水水质好；适应多种废水处理，既可处理城市污水，也可处理石油化工、印染、造纸等工业废水。其不足之处在于兼性塘厌氧层进行厌氧反应，经常出现散发硫化氢恶臭和浮渣上浮现象，给运行管理带来困难。

3. 厌氧塘

厌氧塘水深在3m或3m以上，表面积较小，通常置于好氧塘、兼性塘前，作为常规预处理方法，特别适合于质量浓度高、悬浮物多的工业废水预处理，如，肉联厂废水、食品厂废水和畜禽粪便污水等。厌氧塘进水一般设于塘底，出水为淹没式，深入水下0.6m，并不得小于冰层厚度或浮渣层厚度。

厌氧塘不需供氧，能够接受高负荷，处理高质量浓度污水时污泥量少。但其对BOD5处理效率不高，净化速度慢，污水停留时间长，易散发臭气，影响环境卫生。

4. 曝气塘

好氧塘的人工强化形式是曝气塘，即在好氧塘表面安装人工曝气设备，通过充氧使塘水搅动。曝气既可采用表面机械曝气，也可采用鼓风曝气。如果曝气功率足够大，可使塘中全部生物污泥处于悬浮状态，即完全混合曝气塘；如果曝气功率仅能使部分生物污泥处于悬浮状态，即部分混合曝气塘。

由于经过人工强化，曝气塘净化效果及工作效率都明显高于一般类型的温度，污水在塘内停留时间短，所需容积及占地面积都较少。但由于采用人工曝气，能耗增加，运行费用有所提高。

(三)稳定塘运行管理

稳定塘运行中的大部分问题都可通过适当操作避免,日常运行管理中应注意以下问题:

(1)若塘表面存在较多浮渣或藻丛,往往会发出气味或招引昆虫,应使之破碎呈悬浮状态。

(2)好氧塘及兼性塘正常运行时,仅有少量污泥积累;而厌氧塘和曝气塘污泥量大,应及时做好清理工作。

(3)有时扎根于塘底或坡岸上的沉水植物可引起许多副作用,应连根拔起,这比切断植株更好。

(4)需控制堤岸上树木和灌木的生长,减少塘水沿树根处的渗漏以及因植物叶面的蒸腾作用而造成的消耗,减少植物残体对塘内增加的有机负荷。

(四)稳定塘异常问题及其对策

1.超负荷运转

稳定塘在超负荷运转时,会抑制好氧细菌代谢活力,影响有机污染物去除效果。一个办法是投加硝酸钠,投加量可考虑以下原则:(1)进水 BOD5 质量的 5%~15%;(2)每天投加 11.2g/m^2;(3)每天投加 24g/m^2。另一个方法是安装充氧装置,仅在出现超负荷时使用。

2.低温

温度对于厌氧塘处理效果十分明显。低温时,可在上风向设置风障、塘面安置泡沫塑料层或农用塑料膜。

3.毒物

进水中有适量质量浓度的有毒物质通常不会有问题,但含重金属的工业废水会累积在底泥中,这类废水应在进入稳定塘前加以控制。杀虫剂和抗生素对微生物毒性较大,但经驯化后的微生物可降解这类物质。

4.营养不足

某些工业废水常常缺氮或磷,或两者皆缺,如,粮食加工厂碳水化合物废水、石油化工厂烃类废水等。这就需投加足够数量的氮、磷物质以维持生物正常生长。

5.池容的减少

污泥的沉积会使池容积减少,这会缩短废水停留时间,影响污水净化效果,因此,必须及时清除污泥。

6. 气味

好氧塘在超负荷进水时会造成厌氧，导致污泥腐化，形成浮渣，出现臭气。出现这种情况时，塘中的腐化污泥或浮渣应粉碎，并使之重新悬浮，并反复若干次，直到污泥块不再形成。

7. 昆虫滋生

控制昆虫滋生的基本方法是控制杂草和浮渣。在必要时可用杀虫剂。若一个塘能与其他塘分开，施药则更加有效；若无其他塘，可于施药前降低水位，以便施药期间继续进水，而不排水。

四、污水土地处理技术

(一)污水土地处理系统的原理

污水土地处理系统是一种污水处理的生态工程技术，通过农田、林地、苇地等微生物—土壤—植物系统的生物、化学、物理等固定与降解作用，在污染物得以净化的同时，水中营养物质和水分得以循环利用。因此，污水土地处理是使污水资源化、无害化和稳定化的处理利用系统。

污水土地处理系统的净化原理十分复杂，是一个受多种复杂因素作用的综合过程，它包括物理过滤、物理吸附、物理沉积、物理化学吸附、化学反应、化学沉淀以及微生物对有机物的降解等过程。

1. 物理化学作用

物理化学作用包括过滤、吸附和离子交换、化学反应的化学沉淀等。过滤是依靠土壤颗粒间的空隙来截留、滤除水中的悬浮颗粒。土壤颗粒的大小、颗粒间空隙的形状和大小、空隙的分布，以及污水中悬浮颗粒的性质、多少与大小等都会影响土壤的过滤净化效果。悬浮颗粒过粗、过多以及微生物代谢产物过多等都会导致土壤颗粒的堵塞。吸附是在非极性分子之间范德华力的作用下，土壤中黏土矿物颗粒能够吸附土壤中的中性分子。污水中的部分重金属离子在土壤胶体表面，因阳离子交换作用而被置换吸附，并生成难溶性的物质被固定在矿物的晶格中。

金属离子与土壤中的无机胶体和有机胶体颗粒，由于整合作用而形成螯合化合物；有机物与无机物生成复合物；重金属离子与土壤颗粒之间进行阳离子交换而被置换吸附；某些有机物与土壤中重金属生成可吸附螯合物而固定在土壤矿物的晶格中。

化学沉淀是污水中的重金属正离子与土壤的某些组分进行化学反应，生成难溶性化合物并沉淀。如果调整、改变土壤的氧化还原电位，能够生成难溶性硫化物；改变 pH,能够生成金属氢氧化物;某些化学反应还能够生成金属磷酸盐等物质,而沉积于土壤中。

2.生化作用

生化作用包括土壤微生物的生物降解、转化及固定作用,以及植物的吸收、转化、降解与合成。

在土壤中生存着种类繁多、数量巨大的土壤微生物,对土壤颗粒中的有机固体和溶解性有机物具有强大的降解与转化能力,这也是土壤具有强大自净能力的主要原因。土壤为细菌、放线菌、真菌、藻类及原生动物提供适宜的生活环境,它们不断进行各种代谢活动,维持着土壤环境内土壤与其他环境介质之间的物质循环。

在植物生长季节,土壤中植物的根系活动特别活跃。植物通过根系可以吸收土壤和污水中的水、氮、磷等作为构造植物体所需的物质,同时,一些非植物生长必需的金属离子和部分有机物也可以随植物体蒸腾拉力被植物吸收和积累,从而可以去除污水中大量的营养型污染物和部分有机物。根际土壤由于土质较为疏松和植物根系的传导作用,使氧气充分,同时,根系分泌的醇、氨基酸为微生物生存提供必要的养分,为污染物的降解提供有利条件。

3.影响污水土地处理效果的因素

影响污水土地处理效果的因素包括环境因素,以及预处理程度、水量负荷、有机负荷等非环境因素。污水土地处理系统需要控制的非环境因素为水量负荷和有机负荷,有时还辅以氮负荷和磷负荷。负荷率不当时,会大大降低处理效果,甚至使系统崩溃。土地处理系统的环境因素主要有水文气象因素、土壤性质、水温、植物类型等。

(1)水文气象因素

土地处理系统表面积很大,蒸腾作用是影响处理效果的一个重要因素。蒸散作用包括水和土壤的蒸发作用和生物体的蒸腾作用两部分。蒸散量是蒸发水量和蒸腾水量的总和。蒸散速率由太阳辐射、气温、相对湿度和风速等因素决定。蒸发失水会影响处理效果,当蒸发量大而降水量小时,出水量减少,出水质量浓度相对增大。

(2)土壤性质

土壤层是土地处理系统的主要组成部分,从土地处理系统污染物的去除机理可知,土壤的理化性质直接影响污染物的去除效果。

(3)水温

土地处理系统的有机物去除过程主要是生化反应,因此,水温对污水生化反应速率影响很大。在一定范围内,水温越高,生化反应效率越高。在冬季,由于水温低,处理效率将大大降低；冰冻期间，冰层使大气复氧量减少，处理效果会进一步下降。

(4)植物类型

在土地处理系统中，植物的根系直接吸收废水中的营养物，并且为微生物生长提供界面。不同的植物类型，其根系状态不一，对营养物的吸收水平也不同。植物光合放氧还会增加土地处理系统的局部氧分压，从而增加土壤中的大气复氧量。植物在水中和地下的根茎和根毛可以向周围施放少量氧气，释放的多少因植物种类不同而不同。虽然根毛只能向周围施放微量氧气，但根毛数量很多，施放总氧量很大，对好氧微生物充分发挥降解作用意义重大。此外，植物还能起到均匀水流、衰减风速、抑制底泥卷起、避免光照以防止藻类生长等作用。

(二)土地处理系统分类及其功能

根据处理对象不同，土地处理系统可分为地表漫流、慢速渗滤、快速渗滤、地下渗滤等类型。污水土地处理中的地表漫流、慢速渗滤、快速渗滤需要一定的场地，处理场地土壤物理性质和水力性质等都将影响工程处理效果。

1. 地表漫流处理系统

地表漫流处理系统(OFETS)是以表面布水或低压、高压喷洒形式，将污水有控制地投配到生长多年生牧草、坡度和缓、土地渗透性能低的坡面上，使污水在地表沿坡面缓慢流动过程中得以充分净化的污水处理工艺类型。由于 OFETS 对污水预处理要求程度较低，出水以地表径流收集为主，对地下水影响最小。在处理过程中，除少部分水量蒸发和渗入地下外，大部分再生水经集水沟回收。该处理系统的工艺目标包括：在低预处理水平达到相当于二级处理出水水质；结合其他强化手段，对有机污染及营养物负荷的处理可达到较高水平；再生水收集与回用。

适合 OFETS 建设的工艺条件与参数主要有：地面最佳坡度为 2%～8%；土壤类型选择渗透性能低的土壤，以黏土、亚黏土最为适宜，或在 0.3～0.6m 以下有不透水层；土层厚度和地下水位不受限制；植物类型选择是保持系统有效运行的最基本条件，以根系发达、对污染物耐性强且具有一定吸收固定能力的植物为主，避免作物作为处理组分进入系统，因此，常常采用不同类型的草类进行混合种植。

对典型城市污水，水力负荷率通常为 2～4cm/d；污水投配速率常采 0.03～0.25$m/(h \cdot m^2)$；污水投配频率为 5～7d/周；污水投配时间为 5～24h。

该工艺以处理污水为主，兼行生长牧草，因此，具有一定的经济效益。处理水一般采用地表径流收集，减轻了对地下水的污染。污水在地表漫流过程中，只有少部分水蒸发和渗入地下，大部分水汇入建于低处的集水沟。

2. 慢速渗滤处理系统

慢速渗滤处理系统(SFETS)是以表面布水或高压喷洒方式,将污水投配到种有作物的土地表面,污水缓慢地在土地表面流动并向土壤中渗滤,一部分污水直接为作物所吸收,另一部分则渗入土壤中,从而使污水得到净化。

向土地布水可采用表面布水或喷洒布水。一般采用较低的投配负荷,以减少污水在土壤层的渗滤速度,使其在含有大量微生物的表层土壤中长时间停留,保证水质净化效果。该处理系统一般不考虑处理水流出。在该处理系统中,投配的污水一部分被修复植物吸收,另一部分在渗入底土的过程中,其中的污染物被土壤介质截获,或被修复植物根系吸收、利用或固定,或被土壤中的污染物转化、降解为无毒或低毒的成分。

根据实际需要,SFETS 可设计为处理型与利用型两种。前者为了节约投资和水资源管理方便,希望在尽可能小的土地面积上处理尽可能多的污水,选择的修复植物为有较高耐水极限、较大去除氮磷及有关污染物的能力、生长季长和管理方便的植物;后者一般应用于水资源短缺的地区,希望在尽可能大的土地面积上利用污水,如灌溉林木、花草,以获得更大的植物生产量。研究表明,草类植物最有利于使处理型SFETS 的水力学负荷达到最大。目前,SFETS 已成为替代三级深度处理的重要水处理技术之一,在一定条件下还可替代二级、三级处理。

工程设计时需考虑的场地工艺参数:土壤渗透系数为 0.036~0.360m/d;地面坡度小于 30%,土层厚度大于 0.6m,地下水位大于 0.6m。

慢速渗滤处理系统的主要特点有:

(1)典型的慢速渗滤处理系统,所投配的污水一般不产生径流。污水与降水共同满足植物需要,并与蒸腾量大体平衡。渗滤水经土层进入地下水的过程是间歇性的且非常缓慢。

(2)需要根据土壤、气候、污水的特点选择适宜的植物。

(3)处理系统中水和污水有机负荷较低,一般不产生次生污染。

(4)受气候和植物限制,在冬季、雨季和作物播种期,不能投配污水,污水需要另外处理。

(5)根据对作物、土壤、地下水影响的要求,预处理可采用一级处理、二级处理,并应对其中的工业废水加以控制。

(6)慢速渗滤处理系统对作物的选择非常重要。当系统处理以污水处理为目标时,可以选用多年生牧草,其生长期长,氮的利用率高,能忍耐的水力负荷强,当作物选用树木时，污泥可以回用；以种植谷物为主时，以满足谷物对水的需要为主，并应对污水加以监管。

3. 快速渗滤处理系统

快速渗滤处理系统(RFETS)是将污水有控制地投配到具有良好渗滤性能的土壤表面，污水在重力作用下渗滤过程中通过生物氧化、硝化、反硝化、过滤、沉淀、还原等一系列作用而得到净化的污水处理工艺类型。快速渗滤处理系统周期性地向具有良好渗透性能的渗滤田灌水和休灌，使表层土壤处于淹水、干燥，即厌氧、好氧交替运行状态。在休灌期，表层土壤恢复为好氧状态，被土壤层截留的有机物被好氧微生物分解，休灌期土壤层的脱水干化有利于下一个灌水期水的下渗和排除；在灌水期，表层土壤转化为缺氧、厌氧状态，在土壤层形成的交替厌氧、好氧状态有利于氮磷的去除。

在地下水位较低或是由于咸水入侵而使地下水质变差的地方采用快速渗滤，能使水位提高或使水力梯度逆向，从而使地下水免受咸水入侵的危害。快速渗滤处理系统也适用于渗透性强、粗粒结构的砂壤或砂土，如砾石性砂土、砂质砂土等。污水灌入快速渗滤田表面后很快下渗进入地下，并最终进入地下水层。污水周期地向渗滤田灌水和休灌，以保持较高渗滤速率，类似于间歇“生物砂滤器”，表层土壤交替地处于厌氧、好氧状态，这样可以防止污染物厌氧分解产生臭味。在沿坡面流动过程中，污水通过土壤渗入地下，依靠土壤微生物将被土壤截留的溶解性和悬浮有机物进行分解，使污水得以净化。大多数快速渗滤处理系统不设集水系统，不回收处理水。在需要利用地下水或现有地下水质与回收水质不相容时，则可采用埋设地下集水管或用竖井将净化水提升回地面。快速渗滤的水力负荷可达 30m/d 以上，加之大多数快速渗滤处理系统并不回收处理水，因此其占地面积比地表漫流和慢速渗滤所需面积小，同时处理费用也较低。快速渗滤一般需经预处理来减少污水中的 SS 质量浓度，以防止过滤土壤被堵塞。操作方式为灌水和休灌反复循环，以此保持较高渗滤的速率，并防止污染物厌氧分解产生臭味。

快速渗滤处理系统具有较高的水力负荷，对生活污水具有较好的净化效果，如果严格控制灌水、休灌周期，能达到较高的净化效果。通常情况下，其 BOD 去除率可达 95%，COD 去除率可达 91%；处理水的 BOD 的质量浓度小于 10mg/L，COD 的质量浓度小于 40mg/L。该工艺还有较好的脱氮除磷功能，氨氮去除率为 85%左右，总氮(TN)去除率为 80%，除磷率可达 65%。另外，该工艺具有较强的去除大肠菌的能力，去除率可达 99.9%，出水含大肠菌小于 40 个/100mL。快速渗滤处理系统因其对污染物具有较高的去除率和较高的水力负荷，在国内得到较多应用。北京通州区小堡村生活污水经快速渗滤处理系统，出水水质指标达到《污水综合排放标准》(GB 8979—1996)中的一级排放标准；北京昌平区使用的快速渗滤处理系统由预处理池、渗滤池、集排水系统、贮存塘等部分组成，它对COD、SS、TN、总磷(TP)去除率分别为91.9%、98%、83.2%和69%。

进入快速渗滤处理系统的污水必须经过一定的预处理，一般经过一级处理即可。如场地面积有限，需加大渗滤或需要较高质量的出水，则应以二级处理作为预处理。处理水一般采用地下排水管或井群进行回收，可用于补给地下水。

4. 地下渗滤处理系统

地下渗滤处理系统(SIETS)是将污水投配到具有一定构造和良好扩散性能的地下土层中，污水在经毛细管浸润和土壤渗滤作用向周围和向下运动过程中达到处理、利用要求的污水处理工艺类型。

该处理系统主要应用于分散的小规模污水处理，其工艺目标主要包括：直接处理污水；在地下处理污水的同时为上层覆盖绿地提供水分与营养，使处理场地有良好的绿化带镶嵌其中；产生优质再生水以供回用；节约污水集中处理的输送费用。

地下渗滤处理系统一般要经过化粪池或酸化水解池预处理后，再有控制地通入设于地下约0.5m深处的渗滤田，在土壤的渗滤作用和毛细管作用下，污水向四周扩散，通过过滤、沉淀、吸附和微生物降解作用，使污水得到净化。

该处理系统的主要特点是：处理系统都设于地下，无损于地面景观，而且能够种植绿色植物，美化环境；处理效果受外界气温变坏的影响小；耐冲击负荷能力较强。

地下渗滤处理系统是一种以生态原理为基础，以节能、减少污染、充分利用水资源为目标的新型小规模污水处理工艺技术。它适合于处理难以接入城市排水管网的小水量污水，如分散的居民点住宅、旅游点、度假村、疗养院等。

保证SIETS技术有效性的工艺参数有：散水管最大埋深1.5m；需要有专门配制的特殊土壤，土壤渗透率为0.15～5.0m/h，地表植物为绿化植物；土层厚大于0.6m，地面坡度小于15%，地下水埋深大于1.0m；对预处理要求低，一般化粪池出水即可；再生水回收，回收率在70%以上。由于SIETS全部处理过程均在地下完成，是一项终年运行的实用工程，因此特别适用于在北方缺水地区推广。

地下渗滤处理系统主要类型有以下几种。

(1)渗滤坑式地下渗滤处理系统

地下渗滤坑也称为地下深井,指在地下建造渗滤坑,并利用渗滤坑周围和底部的土壤对化粪池出水进行处理的装置。渗滤坑由预处理池和砾石堆组成,预处理池由水泥、石头、塑料等组成,池壁上开有所需大小的孔,预处理池内部和周围由砾石填充,整个渗滤坑埋入具有合适渗滤性的土壤中。污水经过化粪池处理后,首先进入预处理池,然后由预处理池壁上的孔眼分配进入周围的砾石堆,在流经砾石堆后,渗入四周的土壤中,在此运动过程中得到净化。

(2)渗滤沟式地下渗滤处理装置

渗滤沟式地下渗滤系统也称土壤净化槽,是目前最常用的地下渗滤装置。这种系统由化粪池、布水线、砾石堆、处理场地等构成,通常将布水管放入一系列并行的渗滤沟,并在布水线周围填上砾石堆。污水经过化粪池预处理后,出水通过重力自流或由泵输入布水管,布水管下方开有渗滤孔,污水通过渗滤孔进入由砾石组成的渗滤填料中,再进入土壤中。砾石除了作为污水进入土壤的界面外,还具有贮存污水的作用,多孔的布水管由工程塑料 PVC 等构成,砾石和布水管都裹着防止土壤进入的合成纤维布。该处理系统提高了系统的污水处理能力,并且具有较大的布水面积,提高了处理出水的水质。

(3)渗滤管式或渗滤腔式地下渗滤处理系统

近年来,在国外出现了无砾石系统地下渗滤系统,其特点是在土壤渗滤系统的渗滤沟中不再利用砾石堆,而是在处理场地中放置利用褶皱织物包裹的渗滤管或者做成具有一定空间的腔体结构,污水通过多孔渗滤管直接进入周围的土壤中。渗滤腔式地下渗滤处理系统是近年来国外比较热门的地下渗滤装置。渗滤腔也可以理解为底部开孔的大管子,腔体通常由硬质塑料、玻璃钢、砖、石头等构成。渗滤腔四周和底部开有小孔,使污水能够从这些小孔中渗入四周的土壤中,在渗滤腔内不需要埋管子,腔壁也不需要合成纤维织物,污水流入腔内后逐渐从底部和四周渗入土壤中。该处理系统具有以下优点:处理能力强,安装费用低,容易安装,便于维护,能防止砾石在渗滤过程中风化所带来的不良效果,可以重新反复利用的部件化装置,以及能很方便地根据处理需要扩大或者缩小处理规模等。

(4)尼米槽式地下渗滤处理系统

尼米槽式地下渗滤处理系统是日本人尼米于 20 世纪 80 年代初开发的,也有人称之为毛细管渗滤系统。尼米槽式地下渗滤处理系统与传统地下渗滤处理系统区别在于:在布水管下方设有一个不透水的厌氧槽(即尼米槽),里面装有砂子或其他填料,布水管的周围则是用合成纤维织物包裹的砾石,砾石上方为表层覆土。当污水从布水管中出来时,进入厌氧槽,积累到一定程度后,在砂子及土壤毛细力作用下,扩散到厌氧槽上和四周的土壤,而污水中的悬浮物大多数被砂子截留,停留在厌氧槽中,并在槽中液化、酸化,这样可以减少土壤被堵塞的可能,提高出水质量,且厌氧槽的存在也起到抗冲击的作用。

(5)改进式地下渗滤处理系统

改进式地下渗滤处理系统指地下渗滤处理系统与其他工艺的联用,比较常见的有与人工湿地套用的地下渗滤工艺,与生物滤池套用的地下渗滤工艺,在干旱地区使用的地下蒸发蒸腾渗滤床。

五、人工湿地修复技术

(一)人工湿地修复技术原理

人工湿地污水处理技术是一种用人工方式将污水有控制地投配到种有水生植物的土地上,按不同方式控制有效停留时间,并使其沿着一定方向流动,在物理、化学、生物共同作用下,通过过滤、吸附、沉淀、离子交换、植物吸收和微生物分解等来实现水质净化的生物处理技术。

人工湿地具有独特而复杂的净化机理,它能够利用基质微生物植物这个复合生态系统的物理、化学和生物的三重协调作用,通过过滤、吸附、沉淀、植物吸收和微生物分解等作用来实现对废水的高效净化,同时通过营养物质和水分的生物地球化学循环,促进绿色植物生长并使其增产,实现废水的资源化和无害化。

1.植物在人工湿地中的作用

植物在人工湿地净化污水的过程中起着重要作用,具体可分为直接净化作用和间接净化作用。直接净化作用指植物通过吸收、吸附和富集等作用直接去除污水中污染物;间接净化作用指植物能为湿地系统其他去除污水中污染物的过程提供有利环境,包括为根区好氧微生物输送氧气、提供碳源,增强和维持介质的水力传输等。除此之外,植物还有为动物提供栖息地和增加水处理系统的美学价值等。

(1)植物的直接净化作用

正常情况下,植物体中氮元素含量为0.3%～1%,磷元素含量为0%～0.3%,植物能从污水中吸收营养物质。有根植物主要是通过根系摄取营养物,沉水植物和漂浮植物通过茎和叶从周围水中吸收营养。

①植物对氮的吸收。当植物从污水中吸收氮元素后，将氮元素合成植物蛋白质等有机氮，最后通过对植物的收割将它们从湿地系统中去除。有研究表明，每克干重风车草能净吸收污水中 2.25mg 氮，香蒲每年每公顷可吸收 2630kg 氮、403kg 磷；通过对潜流湿地系统中芦苇、香蒲的收割发现，每克干重芦苇、香蒲能净吸收污水中 15～32mg 氮。

②植物对磷的吸收。植物吸收的磷只占总磷去除率的 10%左右，而 50%的植物体是生长在土壤之下的，所以通过收获从表面流入人工湿地系统中去除的磷不足总磷去除率的 5%。

③植物对重金属有着吸收和富集作用。栽种植物的湿地对污水中的重金属去除能力高于无植物系统。宽叶香蒲、芦苇和狗牙根等植物都具有较强的吸附和富集重金属的能力，且主要富集在植物的地下部分。有研究表明，锰、锌、铜、镍和铬等大多数金属元素可以被湿地植物所积累，通过植物的收割能将积累在植物体内的金属去除。

(2)植物的间接净化作用

湿地植物除了能直接去除污水中污染物外，对维护湿地环境、为其他去除污染物的过程提供良好环境也发挥着重要作用，如，向植物根区供氧、加强水力传导和维持通气状况等。

2.微生物在人工湿地中的作用

微生物在水体有机污染物的降解中发挥着至关重要作用。有研究表明，人工湿地处理废水时，有机物的降解和氮化合物的脱氮作用、磷化合物的转化等主要是通过植物根区的微生物活动来完成的。废水中大部分的有机物在植物根系的好氧区被好氧微生物分解为二氧化碳和水，另外，氨氮则被这一区域的硝化细菌硝化；离根表面较远的区域氧气质量浓度降低，属兼性区，硝化作用仍存在，但主要是依靠反硝化细菌将有机物降解，并使氮素物质以氮气的形式释放到大气中。在根区的还原状态区域，则是经过厌氧细菌的发酵作用，将有机物分解成二氧化碳和甲烷释放到大气中。

废水中的磷化物，有机磷及溶解性较差的无机磷酸盐类都不能直接被水生植物吸收利用，只有经过磷细菌等代谢活动，将有机磷化合物转变为简单的磷化物和使可溶性较差的磷化合物(如磷酸钙等)溶解，才能被植物吸收，从而通过植物的收割将磷从湿地系统中带走。

3.动物在人工湿地系统中的作用

浮游动物在水生生态系统中起着重要调控作用，主要体现在以下几个方面：对初级生产力的控制；对营养级间生态转换效率的调控；对高层捕食者的调控；对水层底栖耦合关系的调控。初级生产者（浮游植物）的生命周期短、繁殖快，初级产品如不迅速被次级生产者（浮游动物）利用将形成积累，产生水华，严重的将形成赤潮；而浮游动物能捕食初级生产者，对浮游植物具有重要的控制作用。

土壤动物可以直接采食、粉碎枯落物；土壤动物的活动能够改变土壤空隙度等物理性质，促进物质淋溶和下渗；土壤动物对枯落物的采食和粉碎，增加了土壤中细菌和真菌活动的接触面积。因此，土壤动物通过直接或间接方式，对枯落物分解起到重要作用。

（二）人工湿地修复技术的功能

人工湿地功能有很多，它在提供水资源、调节气候、涵养水源、净化洪水、降解污染、保护生物多样性和为人类提供生产、生活资源等方面发挥了重要作用，人工湿地功能主要有以下 4 个方面。

1. 污水处理及水质净化功能

人工湿地适用面广，不仅可以用于以脱氮除磷为主的三级处理，还可以直接用于污水的二级处理；不仅可以处理以耗氧有机物和氮、磷等营养物为主的生活污水，还可以处理以耗氧有机物、重金属和油类为主的工业废水；不仅可以应用于集中点源的治理，还被国内外许多研究人员或工程技术人员经过工艺改造后用于农业面源污染、城市或公路径流等非点源污染治理。人工湿地污水处理主要通过以下 3 个作用净化水质。

（1）除氮作用

通过细菌降解或沉淀污染物实现。氮素是主要营养成分之一，湿地通过 3 种机制除氮：生物同化；还原成氨；反硝化作用。其中，起决定作用的是反硝化作用，它所产生的氮气通过底泥的扩散或植物导气组织运输最终散逸到大气中。

（2）除磷作用

水体中总磷主要由有机磷和无机磷组成，其中，每部分又分为可溶性和不溶性两种形态，各种形态的磷在湿地中的循环和吸收过程受多种因素影响，有的并未完全为人们所了解。人工湿地对磷的去除一直是湿地设计者所关心的问题。现有的湿地污水处理工程中，对磷的去除常常不能达到令人满意的效果，需要加大湿地面积、增加停留时间以提高去除率，而且冬季的去除效果也不能保证。

（3）对重金属去除

动物生长必不可少的基本金属有钴、铬、铜、铁、锰、锌等，植物生长必不可少的重要金属是硼、铁、钢、锰、铝、钒等。即便相对质量浓度较低，也具有毒害作用的金属有银、砷、铍、镉、钴、铜、汞、镍等。湿地与微量金属通过多种方式相互作用，可以有效地去除金属，主要作用机理是：与土壤、沉积物、颗粒和可溶性有机物的结合；作为不可溶的盐类沉淀为硫化物和氢氧化物；被植物和微生物吸收。

重金属仅有很少的部分以气体形式去除，其余的靠微生物的调节作用去除。微生物的调节作用是通过微生物生长产生的硫化物沉淀来实现的。藻类和植物吸收重金属后可以促进生长，若金属质量浓度较高，对其生长还可以起到保护作用。

湿地中可以通过阳离子交换和螯合作用与固体结合，包括水溶液中的固体形式的腐殖物质，都可以和金属形成化学键。在沉积物和土壤的阳离子交换位上，二价和三价金属离子可以和氢离子进行交换，通常湿地的结合能力还不太明确，也无法预测，因此，在设计前应进行试验确定。

金属通过细根部到达植物体中，大多数在根部被拦截，少量到达茎和叶部。根部死亡后，一部分金属可能永久埋藏在地下。藻类可以通过不同方式与不同的金属相互作用，但一些微量金属对很多有机体、藻类和无脊椎动物有毒害和抑制作用。

2. 美学功能

湿地植物的美学功能是人工湿地的一种重要功能，但却常常被人们低估。人工湿地植物一般是常绿植物，终年郁郁葱葱，人工湿地中不但有观赏植物，还有各种散发香气的花草，所以，很多人工湿地兼作公共娱乐区、生态公园。

3. 生态功能

人工湿地污水处理系统，其实质就是生态学中的人工湿地系统。在这个系统中，生态系统能流、物流能得到正常循环，生物多样性得到很好保护，人类的环境和动植物的生存环境也得到充分保护。

人工湿地建立后，除人工栽培的高等植物外，野生植物、动物会明显增多，首先是昆虫，随后是鸟和爬行动物，接着是哺乳动物。在欣赏美丽景观的同时，又能欣赏到更高层次的野生动物世界。

4. 环境教育场所和环境生态研究基地

人工湿地可作为进行环境教育的场所，人们在欣赏大自然时看到污水的生态处理，认识到污水处理的重要性，意识到在人工干预下，环境恢复的可能性和人为保护下自然界的自我平衡能力。

(三)人工湿地处理系统的分类以及运行

人工湿地可按污水在湿地床中流动的方式分为3种类型：地表流人工湿地、潜流型人工湿地、潮汐流人工湿地。

1. 地表流人工湿地

地表流人工湿地系统也称水面湿地系统。在地表流人工湿地系统中，污水在湿地表面流动，水位较浅，多在 0.1～0.6m，它与自然湿地最为接近，污水中的绝大部分有机物的去除是由长在植物水下茎秆上的生物膜完成的，这种湿地不能充分利用填料及丰富的植物根系，易滋生蚊蝇。在冬季或北方地区，易发生表面结冰问题，以及系统的处理效果受温差变化影响大的问题，因此在实际工程中应用较少。但这种湿地系统具有投资低的优点。

2. 潜流型人工湿地

潜流型人工湿地系统也称渗滤湿地系统。在潜流型人工湿地系统中，污水在湿地床的内部流动，一方面可以充分利用填料表面生长的生物膜、丰富的植物根系及表层土和填料截留等作用，提高其处理效果和处理能力；另一方面则由于水流在地表以下流动，具有保湿性能好、处理效果受气候影响小、卫生条件较好的特点，而且潜流型人工湿地可以处理较高负荷的废水。但是如果有机负荷太重，潜流型人工湿地往往会被堵塞，因此，常常采用多个进口，尽可能均匀地分散悬浮固体，同时前面通常有一个沉淀过程，以除去悬浮固体避免堵塞问题。这种湿地系统的投资比地表流系统高，一般为地表流湿地建造费用的 4～8 倍。

潜流系统又可设计成为水平流或垂直流。

(1)水平流人工湿地系统

水平流人工湿地系统因污水一端水平流过填料床而得名，包括一个种有植物的黏土床或碎石矩形床，黏土床还常常添加钙和铝补充物来改善土壤结构，增加土壤沉淀磷酸盐的能力。与自由表面流人工湿地相比，水平潜流人工湿地系统的水力负荷高，对 BOD、COD、SS、重金属等污染物的去除效果好，且很少有恶臭和滋生蚊蝇现象，缺点是控制相对复杂，脱氮、除磷效果不如垂直流人工湿地系统。

(2)垂直流人工湿地系统

在垂直流人工湿地系统中，污水从湿地表面纵向流向填料床的底部，床体处于不饱和状态，氧可通过大气扩散和植物传输进入人工湿地系统。该系统的硝化能力高于水平流人工湿地系统，可用于处理氨氮含量较高的污水，缺点是对有机物的去除能力不如水平流人工湿地系统。

3. 潮汐流人工湿地

在潮汐流人工湿地中，芦苇床交替地被充满水和排干。在向床内充水的过程中，空气被挤出，床的基底材料逐渐被淹没。当芦苇床完全被水所饱和以后，水全部被排出。在排水过程中，新鲜的空气被带入床内。伯明翰大学研究结果表明，当水被排出芦苇床，有机污染物留在基底内时是氧消耗量最大的时刻。因此，在排水过程中进入的新鲜空气可以看作是去除污染物的氧源。通过这种交替的进水和空气运动，氧的传输速率和消耗量大大提高，极大地提高了芦苇床的处理效果。但潮汐流人工湿地运行一段时间后，床体可能会被大量的生物所堵塞，限制了水和空气在床体内的流动，降低了处理效果。因此，设计中考虑有备用床交替运行，以便利用闲置期进行生物降解。

(四)人工湿地工艺组合

人工湿地工艺组合有多种形式，其中常用的有推流式、回流式、阶梯进水式和综合式。

推流式人工湿地可稀释进水的有机物和悬浮物，增加水中的溶解氧，并减少处理出水中可能出现的臭味。回流式还可促进床内的硝化和反硝化脱氮作用，采用低扬程水泵，通过水力喷射或跌水等方式进行充氧。阶梯进水式可避免处理床前部堵塞，使植物长势均匀，有利于床体后部的硝化脱氮作用。综合式则一方面设置出水回流，另一方面又将进水分布至填料床的中部，以减轻填料床前端的负荷。

(五)人工湿地系统特点

1.高效率

人工湿地的显著特点之一是其对有机物有较强的降解能力。有数据表明，以二级污水处理厂出水作为原水条件下，人工湿地对 BOD5 的去除率可达 85%～95%，COD 去除率可达 80%以上，处理出水中 BOD 的质量浓度在 5mg/L 左右，SS 质量浓度小于 8mg/L。

我国大多数二级污水处理厂出水中氮、磷含量较高，湿地对氮、磷有很高去除率，可分别达到 80%和 90%，而传统的污水回用工艺对氮、磷的去除率仅能达到 20%～40%。污水中的氮、磷可直接被湿地中的植物吸收，通过对植物的收割而从污水和湿地中去除。另外，氮还可通过湿地中微生物的硝化和反硝化作用去除，磷则通过微生物积累和填料床的理化作用协同完成去除。此外，人工湿地对微量元素和病原体也有相当高的去除率。

2.低成本

有数据显示，一般湿地系统在污水处理方面的投资和运行费用仅为传统的二级污水处理厂的 1/10～1/2。在污水处理方面，由于人工湿地工艺无须曝气、投加药剂和回流污泥，也没有剩余污泥产生，因此可大大节省运行费用，通常只消耗少量电能。提高进水水位，处理费用一般仅为传统工艺的1/6～1/5。人工湿地基本上不需机电设备，维护上只是清理渠道及管理作物，操作简单，运行费用低。

3. 低能耗，处理效果好

人工湿地需要的构筑物、处理设备少，无须复杂的维护技术，只需个别人员定期检查和清理渠道及管理作物，一般人员完全可以承担。人工湿地对有机物、氮、磷去除效果好，无须专门去除病原微生物，处理水一般可直接排入湖泊、水库或河流中，也可以根据实际情况用于冲厕、洗车、灌溉、绿化及工业回用等。

4. 处理方式灵活

人工湿地可根据污水厂的规模，就地利用；建设施工方便，通过合理的设计布局，可将BOD、SS、氨磷营养物、原生动物、金属离子和其他物质的去除效率达到有关的排放标准。一般来说，与人工湿地组合的预处理构筑物类型有隔栅、初沉池、化粪池、沼气净化池、稳定塘等。构建湿地单元中的液态通常采用推流式、回流式、阶梯进水式、综合式等方式。因此，可以根据实际和处理水质的要求，灵活地对人工湿地进行组合。

（六）人工湿地处理系统运行时应注意的问题

1. 认真管理

一项规范的环境工程包括布水、结构、植物筛选、育苗、假植等，对运行期间投入的人力和物力进行严格管理，这是目前人工湿地推广、应用时需要注意的重要问题。

2. 人工湿地的启动与运行

在启动阶段，芦苇等植物栽种后即需充水。初期可将水位控制在地面下25mm左右。按设计流量运行3个月后，将水位降低至距床底0.2m处，以促进芦苇等植物根系向深部发展。待根系深入床底后，再将水位调节至地表下0.2m处开始正常运行。进入稳定成熟阶段后，系统处于动态平衡，植物的生长仅随季节发生周期性变化，而年际间则处于相对稳定状态，此时系统的处理效果充分发挥，运行稳定。人工湿地系统从启动到成熟一般需1～2年时间。对设计合理的人工湿地系统，在进水水质及水量变化不大时，一旦进入成熟期，系统可自流运行，无须任何动力设备，也无须更多维护。湿地中的植物一般可于冬季干枯期定期收割。

3. 基底沉淀物质的清理

由于湿地对TSS具有良好的沉降性能，一些沉淀物会积累在湿地底部。沉淀物中有机物含量很高，可达16%左右。这些有机物为湿地众多生物提供营养物质，所以不会引起大量沉淀物的积累。而且，这一富含有机物的沉淀物在湿地地表形成了独特的生物层，对于净化水质也有很好的作用。有研究显示，用人工湿地处理城市径流污染时，为防止沉淀物渗透污染地下水源，床底沉淀物宜每 25 年清理一次。沉淀物经脱水后再进行处置。因富含丰富有机物及磷，沉淀物还可以作为肥料回用于农田。

第七章　水环境综合治理规划

第一节　水环境综合治理的基本知识

一、水环境综合治理规划的特点

从环境目标管理需要出发来进行水环境综合治理规划有如下几个基本特点。

(一)综合性

水环境综合治理规划集社会、经济和自然环境三大系统于一体，是一项复杂的系统工程，其本身也是一个多因素、多变量、多目标，并随时间而变化的动态系统。水环境综合治理规划又是环境科学、管理学、生态学和系统工程学等多种学科知识、理论和技术的综合运用，因此还具有学科的综合性特点。

(二)整体性和地域性

水环境综合治理规划既体现国家或区域环境生态的整体性，又体现环境与社会、经济这一大系统的整体性；同时，它是以一个地区或一个水体为对象，具有很大的地域差异性，即体现地域的自然、地理、社会和经济等特殊性。因此，其是整体性和地域性的有机结合。

(三)政策性

规划涉及的人口控制、工业布局、发展战略、环境工程建设以及投资方向等，都必须体现国家和地方的政策精神。因此，规划过程就是一个重大的决策过程。

(四)可实施性

这是水环境综合治理规划与水环境规划的主要差别，其实施性体现在：

(1)目标可行，即符合经济和技术方面的承受能力，经过努力可以达到；

(2)方案具体而有弹性，即方案建立在可行性基础上，有具体的空间和时间要求并且留有余地；

(3)措施落实，最重要的是资金和工程配套措施的落实，并与城市建设、经济发展规划相结合；

(4)目标分解到位，即规划目标能被分解成任务，并且均能分解给具体的承担者，而承担者也有能力完成；

(5)与现行环境管理制度和管理方法相结合，能够运用法律的、经济的和行政的手段保证和促进规划目标的实现，特别是能运用目前行之有效的环境影响评价制度、排污收费制度、排污许可证制度、污染集中控制制度、环境保护目标责任制、城市环境综合治理定量考核制度、污染限期治理制度等对规划实施进行监督检查，促进其落实与实施。

二、水环境综合治理规划原则

水环境综合治理规划是一个科学决策的过程，进行规划所必须遵循的原则如下：

(1)坚持全面规划、合理布局、突出重点、兼顾一般的原则，保护环境与经济协调发展；

(2)坚持以提高经济效益、社会效益、环境效益为核心的原则，遵循经济规律和生态规律，使有限的资金发挥更大的效益；

(3)坚持依靠科技进步的原则，大力发展清洁生产和推广"三废"综合利用，将污染消灭在生产过程之中，积极采用适宜规模的、先进的、经济的治理技术，发展经济，保护环境；

(4)坚持污染防治与基本建设、技术改造和城乡建设紧密结合，实行环境综合治理的方针；

(5)坚持谁污染谁治理、谁开发谁保护的原则，点源治理与集中控制相结合，以集中控制为优先，由污染、破坏环境者承担环境补偿的责任；

(6)坚持自然资源的开发利用与保护增殖并重的原则，建立以保护资源为核心的环境战略；

(7)坚持实事求是、因地制宜的原则，从实际出发，环境目标要切实可行与经济发展相协调，规划措施要具有可操作性；

(8)坚持强化环境管理的原则，运用法律的、经济的、市场的和行政的手段保证和促进规划方案的实施。

三、水环境综合治理规划程序

水环境综合治理规划是在分析水环境污染现状与发展趋势的基础上，划分功能区和污染控制单元，确定规划目标，设计规划方案，并对规划方案进行模拟优化与决策。

制定水环境综合治理规划的主要内容和步骤如下。

(一)水环境现状分析与预测

(1)收集、整理污染源、水文水质监测数据或调查资料，评价水质现状；

(2)结合社会、经济发展规划，进行污染源预测和水质影响评价；

(3)依据水环境问题分析结论，考虑行政区划、水域特征和污染源分布特点，划分水污染控制单元；

(4)水资源利用现状分析与预测，按水体功能进行区划。

(二)建立水质模型，确定控制目标

水污染的控制目标包括水质目标和总量削减目标。其中，水质目标是基本目标，按水体功能的区划来拟定；总量控制目标是为达到水质目标而规定的便于实施和管理的目标，根据各水污染控制单元的污染物排放去向和水体的水质要求来确定。

(三)研究达到预定目标的各种防治措施，形成综合治理总量削减方案

根据污染全过程控制的指导思想，污染控制对策有以下几种类型：

(1)改革生产工艺，改造生产设备，尽量采用清洁工艺；

(2)改变产品品种，控制产生严重污染的各项产品的生产，对污染严重难以治理的企业实行关、停、并、转、迁或改变其产品方向；

(3)积极发展废物综合利用，变废为宝；

(4)对城市生活污水相对密度较大和可生化性较高的工业废水建设污水集中处理系统，包括城市二级污水处理厂和土地处理系统等；

(5)加强污染源治理，对那些不易集中处理的废水(含有难降解、有毒的污染物等)进行单独处理和预处理；

(6)污水资源化，可采用厂内再循环和城市污水资源化两种方式，特别适用于污水资源化费用低于水资源开发费用的城市和由于开采水资源带来严重生态环境问题的城市；

(7)改变排污方式和去向，对靠近大江大河和滨海的城市或区域，合理利用水环境容量，以减少处理费用。

对污染的可控性能否满足削减目标，还应进行经济、技术可行性评价。

(四)选择规划方法,建立规划模型

根据各污染控制单元的主要特征以及备选方案的特点,选择适宜的规划方法和模型。针对污染源的治理方案、污水处理与水资源回用系统,可依据系统分析原理建立相应的数学规划模型,求出系统的最佳方案。在不具备最优规划的条件下,可应用规划方案的模拟优选方法,从可行方案中找出最优方案。

(五)方案可行性评价与决策

对优选的方案进行投资与经济承载能力分析,若经济能力不能承受,应进行反馈并重新选择目标,或从宏观的角度考虑调整经济发展速度、结构、生产力布局以及运用其他对策以满足目标的要求。

另外,用数学规划和数学模拟得出的"最优"规划方案往往不是一个可以付诸实施的方案,因为除环境目标外,还存在着政治、经济和技术等目标或条件约束,因此,需要将"最优"规划方案与其他诸因素或目标进行统一、协调,做出各方满意的决策后,才能确定一个可供实施的"最佳实用方案"。

四、水环境综合治理规划指标体系

(一)环境规划指标选取原则

指标是目标的具体内容、要素特征和数量的表达。环境规划指标体系是由一系列相互联系、相对独立、互为补充的指标所构成的有机整体。从系统学的观点来看,一个规划所选择的指标越多,考察的范围越大,涉及的因素就越多,规划的效果就越好。但随着研究因素的增多,问题的复杂性将急剧增加,系统不确定性也将急剧增加,结果又降低了规划的可靠性。指标太少,则难以保证规划的科学性和完整性。因此,指标的选取宜适当,需根据规划对象、所要解决的主要问题、所掌握资料的数量和质量以及经济技术力量等条件来决定,以能基本表征规划对象的实际状况和体现规划目标内涵为总原则。

1. 科学性原则

指标或指标体系能全面、准确地表征规划对象的特征和内涵,能反映规划对象的动态变化,具有完整性特点,并且可分解,可操作,方向性明确。

2. 规范化原则

指标的含义、范围、量纲、计算方法具有统一性或通用性,而且在较长时间内不会有大的改变,或者可以通过规范化处理,可与其他类型的指标表达法进行比较。

3. 适应性原则

体现环境管理的运行机制，与环境统计指标、环境监测项目和数据相适用，以便于规划和规划实施的检查。此外，所选指标还应与经济社会发展规划的指标相联系或相呼应。

4. 针对性原则

指标能够反映环境保护的战略目标、战略重点、战略方针和政策，反映区域经济社会和环境保护的发展特点和发展需求。

（二）环境规划指标体系

1. 环境质量指标

环境质量指标主要表征自然环境要素（大气、水）和生活环境（如安静）的质量状况。一般以环境质量标准为基本衡量尺度。环境质量指标是环境规划的出发点和归宿，所有其他指标的确定都是围绕环境质量指标进行的。

2. 污染物总量控制指标

污染物总量控制指标是根据一定地域的环境特点和容量来确定的，可分为容量总量控制和目标总量控制两种。前者体现环境的容量要求，是自然约束的反映；后者体现规划的目标要求，是人为约束的反映。我国现在执行的指标体系是将二者有机地结合起来，同时采用。

污染物总量控制指标将污染源与环境质量联系起来考虑，其技术关键是寻求源与汇（受纳环境）的输入响应关系，这是与目前盛行的质量浓度标准指标的根本区别。质量浓度标准指标虽对污染源的污染物排放质量浓度和环境介质中的污染物质量浓度做出规定，易于监测和管理，但此类指标体系对排入环境中的污染物总量无直接约束，未将源与汇结合起来考虑。

3. 环境规划措施与管理指标

环境规划措施与管理指标是达到污染物总量控制指标进而达到环境质量指标的支持和保证性指标。这类指标有的由环保部门规划与管理，有的则属于城市总体规划。但这类指标的完成与否与环境质量的优劣密切相关，因此应将其列入环境规划中。

4. 相关指标

相关指标主要包括经济指标、社会指标和生态指标 3 类。相关指标大都包含在国民经济和社会发展规划中，都与环境指标有密切的联系，对环境质量有深刻影响，但又是环境规划所包容不了的。因此，环境规划将其作为相关指标列入，以便更全面地衡量环境规划指标的科学性和可行性。对于区域来说,生态类指标也为环境规划所特别关注,它们在环境规划中将占有越来越重要的位置。

(三)水环境综合治理规划指标体系

1.指标选取

水环境综合治理规划是环境规划的主要内容之一,其指标的选取在遵循环境规划指标选取原则的基础上,还应结合本身的规划特点和内容,具体考虑如下几点:

(1)按控制污染最不利条件制定控制、管理指标。一般选一年中水量最少、排污量最大、温度最高、扩散条件最差的组合作为控制水污染的最不利条件,但在组合时各参量的设计条件要一致。

(2)按污染单项指标分别选择总量控制单项指标。一般从水质标准项目出发,对应选出污染源排污指标,并在影响受纳水域水质的所有污染源中,一一选定单项控制指标。

(3)按控制断面水质质量浓度计算总量负荷指标。水质管理应在排污口控制排污量,在控制断面检验水质质量浓度。控制断面应选择在功能区与排污口最接近的位置,允许保留混合距离或混合区。

(4)按功能区范围和水质标准计算控制水域允许纳污量,考虑安全系数后,将其作为区域允许排污总量负荷指标。

2.指标体系

在实际规划中,由于规划的层次、目的、要求、范围和内容等不同,规划指标体系也不尽相同。对于水环境综合治理规划,主要有下列指标:

(1)水环境质量指标

①地表水达到地表水水质标准的类别,生活饮用水水源水质达标率和饮用水源数;

②江河水质指标,包括COD、酸、氰化物、酚化物、砷、汞、六价铬、BOD、氨氮、硝酸盐氮、亚硝酸盐氮、石油类和大肠杆菌等;

③地下水水质指标,包括矿化度、总硬度、酸、COD、硝酸盐氮、亚硝酸盐氮等,地下水位,区域下降及地面下沉量;

④近海海域水质指标,包括COD、石油、氨氮、磷、重金属、悬浮物、pH、电导率、氧化还原电位等。

(2)水污染物总量控制指标

①工业用水方面,包括工业用水量、工业用水重复利用率、新鲜水用量;

②废水排放总量，包括工业废水总量和排放量、生活污水总量和排放量；

③万元产值工业废水排放量，外排工业废水达标量、达标率；

④废水中污染物(COD和BOD、重金属等)的产生量、排放量、去除量和削减量。

(3)规划措施与管理指标

①水域环境保护指标，包括工业废水、生活污水、COD和BOD、氨氮等纳入量；

②重点污染源治理指标，包括污染物处理量、削减量，工程建设年限、投资预算及来源；

③投资方面，包括环保投资总额占国民收入的百分数，环保投资占基本建设和更改资金的比例。

(4)相关指标

①经济指标，包括国内生产总值、工农业生产总值及年增长率、部门工业产值；

②社会指标，包括人口总量与自然增长率、人口分布、城市人口；

③水资源利用指标，包括区域水资源总量及其时空分布、河流径流量及其年际变化、各用水部门用水量和水质要求、取水点位置等。

第二节　水环境功能区划分基本原则与步骤

一、水环境功能区划分原则

水环境功能区划分指根据地表水环境质量标准，划定水域的功能类型及其所占范围，并确定相应的水质保护目标，同时制定控制水污染的各种可行措施和方案。划分的目的在于保护水质，合理利用水资源，有效地控制污染源，强化环境目标管理。因此，划分的总原则是控制、减轻水体水质污染，保证满足水体主要功能对水质的要求，并合理地充分发挥水体的多功能作用。在总原则基础上，具体考虑如下原则和情况。

(一)饮用水源地和生物资源优先保护原则

生活饮用水的质量直接关系到人类的健康和生存，所以我国国家标准《地表水环境质量标准》(GB 3838—2002)中规定的5类功能区，以饮用水水源地为优先保护对象。水生生物是人类生存发展的物质和能量来源之一，水生生物生存条件的破坏，会影响生态平衡和人类生存环境。因此，在进行地表水体功能区划分时，应考虑提供水生生物的栖息地和洄游通道，尽量提高水生生态环境质量，保护水生生物。在保证重点功能区的前提下,可兼顾其他功能区的划分。

(二)地表水环境质量宏观控制原则

划分功能区不得影响潜在功能的开发、下游功能的保障及地下饮用水水源地。对于可生物富集、环境累积的有毒有害物质造成的环境影响,不应在功能区划分中予以认可。高功能水域高标准保护,低功能水域低标准保护。

(三)优质水优用、低质水低用原则

对具有多种功能的水域,按最高功能划分水质类别,不但可以有效、合理地利用水资源,便于目标管理,而且可以避免水污染的重复治理,减轻治理负荷。根据用户对水量和水质的要求,统筹安排专业用水区,分别执行专业用水标准,由相应管理部门依法管理。

(四)现状功能原则

划分水域功能,一般不得低于现状功能;不经技术经济论证且未报上级批准,不得任意将现状使用功能降低。也就是说,凡是已经经县级及以上人民政府划定的水体功能保护区和自然保护区的水体,其功能和范围应保持不变。这样一是为了保持水体现实功能的连续性,二是有利于减轻划分工作的负担,节约人力、物力和财力。

(五)技术、经济约束原则

任何一种划分方案,除了在技术上是可行的,并能满足环境目标的要求外,还必须是一种最经济或者效益最大的方案,或由该方案带来的未来使用中预期发生的费用或效益的损失应最小。另外,当有关部门之间及上下游之间存在用水矛盾时,应充分考虑技术、经济约束,研究水质保护目标的可达性,对污染负荷削减费用、加强给水处理费用、季节调控费用等做多种方案比较,通过分步到位的实施方案解决功能区目标的实现问题。

(六)合理利用水环境容量原则

水环境容量是一种资源。合理开发和利用这一资源,可以节省水污染控制费用。改变排放方式、调整功能区、划分混合区、利用水文条件的季节特征等均为合理利用水环境容量的技术措施,也是保证水环境功能区目标实现的配套措施。

(七)允许混合区和缓冲区存在原则

通常,在污水排放口附近污染物具有较高的质量浓度。若允许高质量浓度污染带大范围存在,则会影响岸边用户的用水要求;若完全不让其存在,则无论在技术上还是在经济上都是不能实现的,所以,应允许排污口附近存在一个有限的污染混合区，在这个区内可以不执行水质标准。

对河网水域或存在往复流的水域，在各个不同的相邻的水质功能区之间必须划定缓冲区，这是由其水体流向不定或回荡特征所决定的。很明显，若将一水域划为某类区（或某类水质标准），而将其下游相邻水域划为另一类区（或另一类水质标准），由于流向不稳定，在二水域交接处水质变化就完全是动态的，故无法判别这一段水质是否达到目标值，从而在一定程度上失去了划分功能区的严肃性。所以，应在两个相邻的不同功能区之间设一个缓冲区，其水质标准随流向而不同。

（八）突出陆上合理布局、综合规划原则

从整个流域到各局部水域，再到取水口和排放口，应层次分明地划分功能区，突出污染源的合理布局，使水域功能区划分与陆上工业布局、城市建设发展规划相适应。划分工作在水上，保护措施落实于陆地上。

（九）便于管理、实用可行原则

水环境功能区划分方案既能满足各取水用水部门对水质的要求，又能满足经济上的合理性与技术上的可行性。另外，划分方案应具体而有弹性，措施落实，能够与现行的环境管理制度和管理方法相结合，运用法律的、行政的、经济的手段保证和促进保护目标的实现，并在污染源管理、水环境管理中简便易行。

上述原则在水环境功能区划分中并不是孤立的，而是相互联系、相互统一的。只有综合考虑上述原则和情况，才能科学地进行功能区划分，才能有效地控制水污染、改善水体水质，实现环境效益、经济效益和社会效益的统一。

二、水环境功能区划分方法与过程

根据地表水环境质量标准、区域水环境状况和社会经济发展规划进行水环境功能区划分，是一项复杂的综合性工作。从系统论的观点出发，可将水环境功能区看作是一个由污染源、受纳水体及其水质组成的系统。其中，污染源、受纳水体及其水质是这个系统的组成要素，它们相互独立又相互制约，并执行着特定的功能。为此，可以用系统分析来进行水环境功能区的划分。

（一）功能区划分方法——系统分析

系统分析是针对系统的整体、组成系统的各个要素及其外部条件进行全面的、相互联系的和发展的研究，确定系统所应具备的功能和相应的环境条件，以找出实现系统目标的最佳方案或替代方案。因此，系统分析过程必须具有整体性、最优性、阶层

性、动态性和环境适应性。

整体性指构成系统的各个元素是以系统最优为总目标结合在一起的，各个元素的状态及状态之间的联系都必须服从这一总目标。最优性指系统分析的结果应力求系统的最优解，通过调整各元素之间的相互联系来寻求最佳的结构。阶层性指任何一个系统都存在着层次结构，这种结构形成了系统内部各要素的主次和重要性程度，是形成有序系统的最佳依据。动态性指一个系统总是处在不断运动发展中，必须用发展的观点来探寻系统的最优解。环境适应性指一个系统总是处在外部环境的约束中，只有适应环境才能生存和发展，环境适应性是建立系统约束的重要依据。

系统分析的基本过程是分解和综合。分解是研究和描述组成系统各要素的特征，以掌握各要素的变化规律，即模型化；综合是研究各要素之间的联系和有机组合，达到系统的总目标最优，也就是最优化。通常系统分析过程可分为 6 个方面：明确问题的范围和性质、设立目标、建立模型、提出各种可选用方案、模拟优化，以及综合分析。

对于水环境功能区划分这个环境系统分析来说，其主要任务包括研究系统内污染源与水质之间的对立统一关系，寻求最佳的污染防治体系；研究水环境质量和社会经济发展的对立统一关系，建立最佳的经济结构和经济布局。其显著特点是通过模型化和最优化来协调系统中各要素之间的关系，实现经济效益、环境效益和社会效益的统一。划分的主要内容包括：分析现状功能区、指定功能区和潜在功能区有无矛盾，求得统一；限制排放口所在水域形成的混合区范围，使其合理存在；根据技术、经济条件，推荐水环境功能区保护方案。

（二）划分过程与步骤

1. 划分过程

水环境功能区划分的系统分析过程总的来说可分为 4 个阶段，即确定目标、定性判断、定量分析和评价决策。

（1）确定目标

这是系统分析的开始，也是系统分析的终结。通过对研究区域的社会经济条件、水环境状况等的调查分析，初步划分功能区，提出预想的环境目标，经过可行性论证之后，才能最终确定预想的环境目标是否需要改变。因为，最初设定的目标往往不止一个，而且这个目标的真正确定又与一系列技术经济条件相联系。所以，在划分时先初步提出一个认为可行的目标；然后编制达到目标的方案，论证方案的可行性，当可行性有问题时，反馈并修改目标和达标方案，直到各方满意统一；最后确定目标。

由于在不同的功能区执行不同的水质标准，因此还需要把功能分区和设定的环境目标具体化为水环境质量标准中的项目和数据。另外，在大多数情况下，水体都已受到了不同程度的污染，即使同一条河流，不同区段的污染情况也各不相同。所以，必须从当地的社会、经济和技术条件出发，对不同地区、不同河流或同一水体的不同区段分别提出不同的使用用途与相应的水质标准。

(2)定性判断

为保证水体的现状使用功能，必须找出影响水体水质的主要污染源、主要污染物及其污染特点、规律和控制污染的途径，提出规划功能(指定功能)及其相应水质标准，这是本阶段所要解决的主要问题。指定功能指经过社会调查、功能规划后认为在某水域必须保持的最低限度的使用功能，调整一些要求过高或妨碍达到指定功能水质要求的功能区。定性判断并不涉及污染源与水质目标之间的定量关系，只是利用现有的资料，通过现状功能区污染因子分析和污染源可控性分析，以使用功能的相应水质标准为依据，确定哪些河段可以实现水质功能，哪些河段不能维持现状使用功能，提出符合要求的功能区划分方案或多种可选择方案。

(3)定量分析

定量分析主要解决定性判断中需要定量回答的功能可达性，如，混合区范围、技术经济评价和方案选择等问题。

在功能区划分过程中，需要知道各种划分方案对受纳水体水质状况会造成什么样的影响，以便对划分方案做出评价和选择；也需要知道为了改善水质的污染现状，如果以某种水质为约束条件，各个排污口的允许排放量是多少，应削减量是多少，在排污口附近形成的混合区范围多大为合理。诸如此类的计算和预测都需要一个能定量描述污染源排污状况(排放位置、数量和方式)与水质状况(随位置与时间的变化状况)之间关系的数学模型。建立水质模型是进行功能区可达性定量分析的基础。另外，寻求最优方案是合理划分的核心，是协调环境与经济的必由途径。在众多可行的方案中，通过最优化数学模型，选择技术、经济最佳组合方案。由于水质改善所带来的收益不易定量估算，最优化的目标函数通常就采用一个费用函数来描述，即投入费用最小者为最优方案。根据各种划分方案所提供的数据，应用水质模型在各种水文、污染源等条件下，进行水质模拟，计算出相应的水质状态，再结合当地的技术经济条件，选择能够实现环境目标的最优方案，这是系统分析的主要环节。

(4)评价决策

经过以上3个阶段所得出的最优方案并不一定是一个可以付诸实施的方案。因为在划分过程中，只是以水质目标作为问题的核心，由于环境保护的效益存在明显的外在性，在高层次的系统中除环境目标外，还存在社会目标、经济目标和技术目标等，而每个目标又可以包含若干个因素，这些目标与因素并不可能完全被纳入最优模型的目标与约束条件之中。所以，需要对各种目标进行统一的协调，做出各部门满意的决策。也就是说，由数学模拟和数学优化得出的“最优”划分方案，必须与其他因素进行协调，经过行政决策和更广泛的方案比较，才能真正确定一个能够付诸实施的“最佳实用”方案。

2. 划分步骤

在功能区划分过程中，并不是机械地照套上述各阶段，而是根据需要相互穿插，反复进行。设定的目标即使在理论上完全可行，若行政决策另有考虑，则需修改目标，重复确定目标这一过程。当水体功能明确，没有可替代方案供选择时，由定性分析就可以确定功能区，可不经定量计算，直接进入评价决策。4 个阶段的工作步骤和内容如下。

(1)明确目标阶段

首先，综合调查、汇总现有基础资料。调查内容主要包括以下 6 方面：

一是区域自然条件：水文、地质、地貌、气候、植被等条件，主要是影响水质的水文条件如流量、流速、径流年际变化等；

二是区域经济状况与经济发展规划：工农业年总产值和国民收入、工业部门主要产品产值、工业布局、风景游览区布局、人口分布与增长率等；

三是水资源：地表水、地下水使用量，用水区分布，用水规律，补给条件，各用水部门之间、中下游之间用水是否有矛盾等；

四是污染源：区域内污染源数量、排放量、排放口位置、污染物种类、排污收费等；

五是环境目标：多年常规水质监测资料，城建、水利、渔业、农业等用水部门功能分区及其规划，区域内污染事故，水体水质变化规律六是政策、法规：已颁布执行与拟执行的地方标准、管理条例。

其次，根据系统分析条件，分析现有资料，确定初步划分的范围、工作深度。

最后，分析地方政府有关要求和水环境使用状况，初步划分功能区，提出水质保护目标。

(2)定性判断阶段

分析水体的现状使用功能，以相应的水质标准为依据，确定影响使用功能的污染因子和污染时段。在分析现状使用时，应着重反映以下 4 个方面的用水矛盾：对上游来水要求、下游用水区的要求、各使用部门之间的不同要求，以及不同季节的不同使用要求。

污染控制单元优先控制顺序分析。将现状功能区中水质要求不符合标准的水域，依据污染因子列出相应污染源，要求源与目标之间指标对号，空间范围对号，污染时段对号。围绕污染源可控性作控制单元优先控制顺序分析。

提出规划功能(指定功能)及相应水质标准，预测污染物排放量的增长与削减，对有争议、有不同使用要求的水域，结合污染源可控性结论分析，论证功能区初步划分方案的可行性。若功能区明确，无须水质模拟计算混合区范围和技术经济优化等待定量决策，可直接进入第4阶段；否则，还需定量分析。

(3)定量分析阶段

确定设计条件。定量计算必须在设计条件下进行，才能将随机的、偶然的、多变化特征的自然条件概化为正常的、一定概率特征的极端条件，以便在同一自然条件下，研究不同的控制方案，使不同方案之间能相互比较。设计条件包括流量、流速、水温、排放量等。在定量分析时，关键是要弄清设计条件规定的代表时期、代表时段、保证率等指标，各类数据的设计条件要相匹配。

建立水质模型，进行功能区水质模拟和环境目标可达性分析。由于环境目标是由单项的评价指标组成，并且不同区域、不同时期规划的指标是不同的，因此，建立、选用的模型主要是单项指标迁移转化模型。在建立、选用模型时，还要考虑水文水质资料的获得与模型参数的估算、精度等问题，应用水质模型计算各种划分方案下(在各种水文、污染源条件下)的水质状态，将计算值与水质标准相对比，就可以判断哪些水域可以维持现状使用功能，哪些水域不能维持，以及环境目标的实现程度。

计算混合区范围。对大多数天然河流而言，多属宽浅河流，污染物进入河流后在水深方向上很快达到均匀混合，污染物质量浓度主要在纵向和横向上发生变化。所以，要进行较精确的混合区范围划定、水质预报及负荷量计算，必须采用二维水质模型。在削减排污量方案费用较高、技术不可行时，为保证功能区水质符合要求，可以考虑改变排污去向至低功能水域，或改变排放方式以减小混合范围，或利用大水体稀释扩散自净能力。在这些情况下开辟新取水口，均需进行混合区范围计算。

环境、技术、经济条件优化模拟。按水体功能的划分，从满足水质标准的容许排放量出发，分析负荷分配的技术、经济可行性。拟订控制污染、能实现环境目标的可行方案。

对拟定的比较方案进行投资效益分析，运用各种最优方法求出最佳方案。

(4)评价决策阶段

协调各部门意见,经过行政决策、综合评价后,确定切实可行的水环境功能区划分方案。

拟定分期实施方案。划定的功能区经行政部门批准后,就功能区的水质标准、保护范围、环保及有关部门职责、管理与奖惩办法,制定保护条例或规定,通过立法,实施水质功能区的监督管理。

第三节　水环境综合治理规划方案优化决策

一、综合治理总量削减方案的拟定

水环境综合治理的目标是水环境,控制对象是污染源。控制污染源是综合治理规划的主导方面,水环境目标只是控制效果的体现。另外,限期治理与集中处理的综合治理方案,只有通过优化各污染源总量削减方案才能得出。同时,各污染源总量削减方案又是总量负荷分配资源的技术、经济约束的反映。因此,水污染综合治理总量控制削减方案的制定应以污染源为基点,通过污染源排污总量削减方案的调查,来确定综合治理方案。水污染综合治理方案是由各污染源总量削减方案组成的。

(一)污染源排污总量削减方案调查

污染源排污总量削减方案的调查,是制定综合治理规划方案的重要工作。通过调查,可以全面了解规划区域的水污染、排污现状,准确地研究、掌握污染源的可控性,引导企业将其经济发展与环境保护相统一;寻找多种技术、经济可行的削减途径、措施,点面结合,全面优化比较,为总量削减负荷分配到污染源及区域综合治理方案的形成提供基础资料。

污染源排污总量削减方案调查工作程序如下:(1)了解企业概况,明确问题。了解和掌握企业用水、排水及其水质现状,在此基础上,分析与用水、排水有关的工序、工艺的水量水质情况,熟悉与削减排污量有关的工艺和设备。这一步的核心工作是绘出主要工序、工艺用水、排水量现状框图。(2)制定总量削减方案。在第一步工作基础上,拟定各类总量削减方案、草拟方案说明。(3)方案投资、效益分析。根据提供的企业现状水量水质资料,以及第二步的方案设计和说明,对各拟定方案的处理效益、投资和费用进行估算。

(二)污染源排污总量削减方案设计

从生产、污染、治理的现状情况出发,考虑近期(5年内)生产状况的变动与发展,以现有的技术条件可以达到、投资费用最少、效益最大和水量、质量浓度并重为原则,来制定污染源排污总量削减方案。通常从以下5方面形成总量削减方案。

1.综合利用资源、能源,开发无废、少废工艺类方案

由于生产工艺陈旧落后,或生产原料、中间产品选择不佳,企业的生产既消耗大量的资源和能源,又造成较重的环境污染,因此,必须改革工艺,更换原料、中间产品削减污染物排放总量。通过采用新技术、新工艺、新设备和新原料提高资源、能源利用率,减少以及消除污染物的排放量是从根本上控制污染的最佳途径,因此只要有可能,均应优先考虑这类方案。

2.加强管理,挖掘原有处理设施潜力,引进先进处理技术类方案

大多企业现有工业废水处理设施效益较低,其主要原因是:运行管理差,如,长时间不调整、不清理处理设施和没有运行记录等;试剂、材料等不能保证供应;设施本身设计不合理,如,因设计预留量过大,使处理设施不能保证在设计的负荷下进行,又如,有些生化性能不好的污水采用生化处理工艺等;现状水质、水量与原设计值不相符。

因此,企业应针对自己的具体情况,考虑相应的改进措施与方案。如,加强运行管理,改进、完善处理设施,改革不合理工艺,引进先进处理技术等。

3.已有处理设施按总量控制要求,改变运行管理,加大处理负荷类方案

质量浓度控制的局限性,导致多数企业用、排水量过高。因此,必须改变运行方式,健全企业用水、排水定量化管理制度,实行清污分流,提高水循环利用率,减少企业总排水量。而总排水量的减少,有利于污水处理设施规模的减小,尤其对于水量小、质量浓度高的污水,便于采用较高级的处理手段。这些均有利于企业减少治理投资,加大处理负荷。

4.从工序工艺入手,以处理单元为基础的综合治理类方案

污染负荷较大的企业,其废水治理不应只局限在企业排水总口一次性达标的方案,而应从工序、工艺入手,找出主要污染发生源,针对一个个污染源制定方案,进行专门处理,然后再涉及企业总排污口。这类方案的制定,要因地制宜,突出重点地选定应治理的工序和应采用的处理措施、技术。

5.推广应用有成熟经验的污水处理设施类方案

企业根据污染物的发生特点,先按一个个处理单元列出具体的治理方案,然后根

据现有的各项有成熟经验的处理措施选择方案。此类方案追求简单实用，按投资效益把关。

虽然制定污染源排污总量削减方案可以通过多种途径来进行，但在形成总量削减方案时，应考虑充分、全面，并考虑方案的客观可比性。充分、全面指企业应把不治理全零排放的方案全部列出，不要从企业本身利益出发先行筛选方案；客观可比性指同一地区按相同标准进行方案投资、技术可行性分析。另外，在选择处理工艺和技术时，应突出从工艺、工序着手的指导思想，多采用适应性强、造价低的非标准化设计，多考虑能利用废物、回收原辅材料的综合治理技术与工艺，使处理设施有条件运行，这样又能降低企业的处理成本，提高经济效益。

二、综合治理总量削减方案的技术、经济评价

水污染控制单元排污总量的削减目标，是由环境目标反推确定的。但是，污染源的可控性，区域范围内各主要污染源排污总量削减方案的取舍与决策，均需按照区域排污总量控制目标进行技术、经济评价。对总量控制削减方案作技术、经济评价的目的在于避免质量浓度达标方案，核定总量控制方案，为制定综合治理分期实施计划和实行水环境综合治理定量考核提供依据。评价方法是通过建立各控制方案的削减量与投资、效益的关系曲线，比较不同控制方案组合后的成本效益比值，以确定不同控制方案的优劣。

（一）容量总量控制方案的技术、经济评价

容量总量控制方案是从水环境质量出发，根据水域允许纳污量制定的。方案的技术、经济评价包括以下4个方面。

1. 污染源可控性技术经济评价

①对控制单元内每一个主要污染源，按照欲控制的污染物，分别开列总量削减方案清单。

②优化计算控制单元内排污总量削减与投资的关系曲线。

③讨论控制单元内投资与削减率的优化目标。

④初步确定本控制单元的目标总量控制建议值。

如，一条河流上有多个控制单元，可先将各小单元集中考虑，视为一个大控制单元，再进行目标总量控制的建议值评价。

2. 污染物分区削减分担率分配

污染源可控性技术经济评价为总量控制目标的决策提供了依据。各控制单元之

间，或控制单元内的若干工业小区之间，还应排列优先削减顺序，对小区分担率进行优化分配。

①将欲考虑的各小区，分别建立小区内污染物削减率、投资曲线。

②将每一个小区视为一个污染源，自小区污染物削减率、投资曲线上截取一个削减方案及相应的投资，列出清单。

③进行区域或控制单元的总体优化，建立大区削减率与投资关系曲线。

④每确定一个区域或控制单元总量削减目标，列出各小区对应的优化分担削减率及投资表。

⑤初步确定不同总量控制目标下，各控制单元或各小区优先削减顺序，从而进一步获得需优先重点控制的小区或控制单元信息。

3. 形成综合治理总量削减方案，负荷分配到源

削减目标与小区削减分担率的确定是建立在点源治理方案基础上的，还需要结合集中治理做优化分析。

①将小区内集中处理方案、改变排放方式方案与点源治理方案相结合，建立点源加小区集中处理削减率与投资关系曲线。

②将大区内集中处理、截流工程方案，改变排放方式方案等，与点源治理方案相结合，建立点源加大区集中处理削减率与投资关系曲线。

③综合区域削减优化目标、小区削减分担率、点源加小区集中处理及点源加大区集中处理的优化信息，初步形成综合治理总量削减的不同方案建议，列出投资与治理项目细目，将污染负荷分配至污染源。

（二）目标总量控制方案的技术、经济评价

目标总量控制方案是从污染源可控性出发，根据削减目标来制定的。因此，其方案的技术经济评价与容量总量控制方案的评价不同，只需从技术、经济条件上进行环境目标可达性分析、论证。

1. 环境目标可达性及技术、经济论证

①针对每一项污染物，列出总量控制的源强表和投资方案表，进行优化计算、分析。

②目标总量控制负荷分配计算。

③绘出削减率与投资费用的关系曲线。

④列出不同污染物，以及相应应采取的削减措施。

⑤比较厂区与区域削减负荷量的措施。

⑥得出相对于某一目标、某一投资的优化削减分配方案。

由上述分析可以得到:投资费用与削减率最佳之比,对各污染物削减都适用的优先治理措施,厂内与区域同时或分别采用的治理措施。

2. 目标总量控制与质量浓度控制的并行管理

凡实行目标总量控制的水污染控制单元,由于没有建立源与环境质量间的输入响应关系,仍属于以排污口控制为基点的体系,因此与质量浓度控制标准的实质相同。

在目标总量控制方案中,可能会出现如下情况:

①按质量浓度标准乘污水量得到污染源排放量,再将各重点污染源排放量相加得到总排放量,核算是否达到总量控制目标。这种做法只能体现对排水量的控制,却不能体现总量控制的其他优点。这是一种无负荷、技术经济分配的非真正的总量控制。

②按总量控制目标,基于超标倍数和已投资额,分担削减量。这种做法只能体现质量浓度达标、超标评价基础上的分配概念。先用质量浓度标准衡量,再进行分配,那么,标准本身的不合理性、污染源布局的重要性被质量浓度标准给掩盖了。仅从过渡过程考虑,这是一种总量控制。

③逐个分析污染源可控性,将可能投资与可行技术结合起来,形成各污染源总量控制指标,再相加为区域控制目标。这种先局部后整体的做法,是对治理措施总量控制方案的优化分析,能体现投资方向的优化和可操作性,也有分配概念。尽管在分析可行技术时,要参考质量浓度控制要求,但在总量控制方案的决策、治理工程的取舍上,体现了总量控制的思想。

上述3种情况都是在总量控制中质量浓度控制在发挥作用,从实用的角度来说,这种并行情况是可行的。一个控制单元是质量浓度控制,另一个控制单元是总量控制,或一个控制单元内,某一污染物实行总量控制,其他污染物实行质量浓度控制,这些均属于并行管理。

(三)行业总量控制方案技术、经济评价

行业总量控制方案是从行业污染源的生产工艺和可行处理技术两方面进行排放量的削减,并不存在水环境容量及总量负荷技术、经济的分配。方案的技术、经济评价重点在于处理技术、措施的可行性分析。

1. 制定行业总量控制方案的主要过程

①分析行业工业状况(国内外),选择试点企业。同一行业下属企业较多,各企业

生产产品及技术水平不同，污染物排放的种类和数量也不尽相同，因此，要选择有一定代表性的企业作为试点。试点企业选择的原则为：生产工艺及产品在本行业具有一定代表性；污染物排放量较大并对环境的影响较大；具有较强的环保技术力量；有废水处理措施。

②企业现状调查及计算。现状调查包括企业产品产量、生产工艺、原材料、能源消耗、水质水量的监测与计量等；计算内容包括主要污染车间污染量分配测算，应考虑污染工艺、污染原因等。

③论证控制单元及控制目标选择的正确性。可以从以下几个方面进行论证：绘制主要产品生产工艺流程图、物料流失图和水平衡图；对重点排污部位进行水质水量验证；分析有代表性生产周期的污染物、水量变化规律；分析排污量与水质现状的定量关系，绘制排污曲线；与同行业（国内外）进行对比，提出控制措施。

④确定企业污染物削减目标。污染物削减目标由企业提出，由环保主管部门审定。其主要内容包括：近期、中期、远期削减规划；排放口位置，排放方式、规律和去向；限制条件；主要削减措施及落实情况，形成削减方案。

2. 行业总量控制污染物削减原则

污染物的削减应考虑如下几个原则：

①受纳企业排污水体的功能，企业排污对水体功能区贡献的大小，削减目标与环境目标协调问题。

②本地区及行业的环境保护规划目标。

③企业产品在社会上的经济地位、对国民经济的影响。对国家急需发展的企业环保部门下达的指标，既要保证对环境没有不良影响，又要考虑生产的发展。

④企业现有的污染治理状况及同行业的排污水平。已采取治理措施的企业，可在提高运转率和处理效率上考虑削减量；无治理措施的单位，按可供选择的优化措施考虑削减量。

⑤削减措施在技术上先进、经济上可行。

⑥污染源限期治理的迫切性及削减量对区域综合治理计划的影响。

3. 控制方案技术、经济可行性分析

行业总量控制方案技术、经济评价主要是分析采用某种控制技术措施后，行业污染物排放量的削减程度如何，能否取得较好的经济效益，并通过分析得出最佳生产工艺的原始排放质量浓度和最佳生产工艺原始排放质量浓度条件下的最佳处理技术。

行业控制技术措施主要有：

①资源、能源综合利用，降低原材料消耗，减少排污；

②改革工艺和设备，实现物料的闭路循环；

③提高设备运转率，重视节水措施；

④加强宏观调控和管理；

⑤选择最佳治理技术；

⑥调整产品结构，控制发展规模。

(四)总量削减方案汇总决策与优化组合

对水污染控制单元总量削减方案进行技术、经济评价后，还需汇总在技术、经济上可行的方案进行行政决策，组合优化方案形成区域综合治理规划方案。

当地行政部门根据方案的技术、经济评价结果，结合实施条件，从实际出发，组合各控制单元优化方案形成满足不同目标的若干方案。这些组合的方案并不可能在各方面都是"最优"，有的以环境质量为重，有的以治理某一工业区为重，有的则着重于经济方面等，但最终确定的方案应该是一个具有以优化为基础、可供实施的方案。对于方案的决策，若没有复杂的优化问题，可以直接决策。如，在众多控制方案中，一选无废、少废工艺方案，二选综合利用、简单处理方案，三选改进污水处理厂运行指标方案，四选单元处理方案，五选实用可行处理技术方案。对于重大污染源应列为控制重点，重大集中控制工程作为骨干工程，重大生产工艺改造项目优先实施，这些优先方案都可以直观地判断出来。对于无法直接决策的方案，应依据控制单元分布特征，依据保护目标的空间、时间特征，以及投资费用与效益分析的需要，按照优化决策的具体目标，汇总方案，并选择适合的优化方法进行计算、分析，然后按分析结果做出决策。

第四节　水环境综合治理规划方案的实施与管理

一、水环境综合治理分期实施

由水环境综合治理规划的可实施性特点所决定，规划必须针对具体的空间、时间要求，如，要解决的环境问题是什么，这一环境问题发生的时间、历时、空间位置如何，解决环境问题的时间要求及技术、经济条件如何等。行政决策与优化方案组合，是从每个污染源或控制单元可供选择的总量控制削减方案出发，根据每个方案的技术可行性和投资费用,组合形成整个区域的"最优"方案。但是,优化方案的组合,只能解决污染控制的措施、实现保护目标的负荷优化分配问题,不能解决综合治理规划方案实施的时间问题,因为优化组合是在假定同一时期内污染物正常排放条件下进行的。所以,为保障水环境综合治理规划方案实施的顺利进行,确定环境目标管理责任制,必须制定综合治理规划分期实施方案。

由于综合治理决策方案已经进行了环境、技术、经济的优化比较,对规划方案的实施时间进行分期的唯一依据就是当地每年环境投资的承受能力。当地环境投资资金来源一般包括建设项目"三同时"投资及排污收费中的水污染防治款、企业技术改造款中可能用于水污染治理的投资,以及城市建设维护费和财政拨款等。根据统计测算的当地环境投资能力,将优化决策方案分解为可供实施的分期方案,列出每一期所需的投资、治理项目、技术要求和环境目标。

综合治理规划分期实施的必要条件是当地的环境投资。为了疏通资金渠道,保证环境投资有稳定的资金来源,提高环境投资效益,必须重视如下问题:

(1)制定完善的行业环境保护规范,区分各行各业的生产范围和环保范围,准确计量"三同时"和建设项目、更改项目的环保投资,并按不同类型的行业和企业提出不同的环保投资比例要求,制定实施细则。

(2)基本建设项目严格实行"三同时"制度,保证"三同时"环保投资的落实。

(3)结合城市综合治理定量考核及责任制等制度的推行,促使增加城市维护和建设基金中环保投资份额。

(4)提高排污收费标准,使排污收费额不低于治理污染的费用;扩大排污费的征收面,在条件许可时,可改超标收费为排污收费。

(5)加强对环保投资的管理,建立环境保护基金,继续推行和实施排污费的有偿使用制度,并在条件成熟时,制定环保投资的管理办法;建立国家环保基金,基金来源包括国家拨款、利用外资、自筹资金等方面。资金使用采取集少成多、重点扶助、有偿使用的办法,帮助企业完成治理项目。

(6)制定配套的技术经济政策,给予环保事业一定的优惠。如,分配一定拨款比例和贷款额度给环保事业,对污染治理和综合利用的贷款实行较低的利率或采取一定的贴息补偿,对环保项目实行免交或少交能源税、交通税等。

(7)积极寻求和推进环境保护国际合作,努力争取国际援助和贷款。

二、水环境综合治理规划与环境管理制度相结合

我国 20 世纪 80 年代形成的 8 项环境管理制度,构成了以控制新污染源为主、兼

顾老污染源治理的环境管理体系。8项环境管理制度围绕着环境保护规划目标，通过环境规划这条主线，形成一个有机整体。因此，环境规划是8项环境管理制度的先导和依据，而8项环境管理制度是保证环境规划实施的有力措施和手段。

水环境综合治理规划属环境规划的范畴，其实施同样要有相应的环境管理措施与手段。8项环境管理制度是水环境综合治理规划得以实施的保证，因为控制污染源排污总量是水环境综合治理规划的重要内容，也是8项环境管理制度的基础。依靠8项环境管理制度实施综合治理规划，将更有实效。

(一)环境保护目标责任制

环境保护目标责任制是我国近几年实行的一种具体落实地方各级人民政府和有关污染的单位对环境质量负责的行政管理制度。它是以我国基本国情为基础，以现行法律为依据，以责任制为核心，以行政制约为机制，集责任、权力、利益和义务于一体的新型管理制度，也是我国现行环境管理制度的“龙头”和核心。落实环境保护目标责任制，就是要将规划总目标按年度计划、按地域和按行业层层分解到承担单位，并以签订责任状的形式将责任落实到承担单位主要领导者身上，从而达到目标管理的目的。

运用目标责任制是根据水环境综合治理分期实施方案，确定政府任期的水环境目标和水污染控制指标；同时，将水环境目标和控制指标逐级分解，从政府部门到企业层层建立责任制，落实任务，以保障水环境保护目标的实现。

(二)综合治理定量考核制度

水环境的综合治理规划是根据区域环境目标，确定区域允许排污总量，再在技术、经济约束条件下，逐厂、逐排污口分配控制区域内允许排污总量，然后采取多层次的综合战略、措施、手段对区域水环境进行控制。综合治理定量考核制度是在对环境目标、负荷指标层层分解后，考核各项措施、手段控制排污总量的效果，是从源至环境目标系统考虑的管理体制。实行综合治理定量考核是实施综合治理规划的有力保证，必须抓好以下几个环节：

(1)水环境综合治理规划的编制要从改善水环境质量出发，与区域、城市总体规划相协调，并将综合治理规划纳入区域规划、城市总体规划中，以区域规划、城市总体规划的实施带动综合治理规划的实施。

(2)水环境综合治理规划目标应本着从实际出发、量力而行、远近结合、分步实施的原则来确定，并取得当地政府的认可，纳入政府工作的年度计划，层层分解、落实，使规划有可操作性。

(3)根据水环境综合治理规划方案,汇总环境目标和污染负荷的分解指标,来确定综合治理定量考核指标。

(4)采取灵活的管理政策,使水环境保护工作与经济发展相统一,如,根据水环境自净能力的季节变化实行不同的排污控制措施,以减轻经济负担。

(5)环境规划管理部门应积极为政府有关部门及单位提供控制指标、实施方法,在技术政策、投资政策、环境管理方面做好政府参谋,主动促使环境规划的实施被纳入政府议事日程。

(三)环境影响评价制度

环境影响评价制度是对新建、扩建和改建项目引起的环境变化进行预测,再对预测结果进行技术、经济上的评价,并提出减缓环境变化的措施。它从环境的角度来论证项目的可行性,包括厂址选择的合理性、工艺流程和设备的先进性、环保措施的完善性。

环境影响评价制度基本保证了新建项目的合理布局与选址,预测了企业的污染趋势,提出了污染的防治对策,体现了环境保护"预防为主、防治结合"的精神。环境影响评价是环境规划的基础,在环境规划中要充分反映环境影响评价的成果。另外,环境影响评价又要与区域环境规划紧密结合,往往单个企业评价可以满足环境质量要求,但从区域发展角度来评价,则是另一种情况。因此,环境影响评价要逐步从单个企业或项目的评价向区域开发的环境评价转移,研究区域的环境容量,从污染物总量控制及环境的生态变化等方面,提出区域经济发展的合理规模及其结构的建议。

(四)"三同时"制度

"三同时"制度规定了建设项目主体工程与污染防治设施同时设计、同时施工、同时投产使用,将环保设施建设纳入建设项目工程中,目的是解决环保措施纳入国民经济项目建设问题,同时开辟了新的资金、材料渠道,是保证规划实施的重要手段。由于我国工业污染防治"欠账"太多,在进行新建、扩建项目时,要从污染总量控制的原则出发,实行以新带老,促使老企业结合技术改造积极治理污染,实现新建项目增产、所在区域不增污或减污的目标。

(五)排污收费制度

根据"谁污染谁治理"政策制定的排污收费制度,不仅是促进老污染源治理的主要经济手段,也是筹集污染治理资金的主要渠道之一。排污收费制度提高了全社会的环境意识,推动了企业的污染治理工作,已成为实施环境规划的必要措施。

(六)限期治理制度

限期治理制度针对的是老污染源和解决历史“欠债”问题。它是以污染源调查、评价为基础,以环境规划为依据,分期分批解决污染严重、危害重大、群众反映强烈的污染源和污染区域问题。限期治理的时间、对象、内容和效果都是根据总体规划确定的,本身就是规划的重要组成部分。限期治理作为一种制度推行,并纳入国家和地方政府的文件之中,是规划实施的重要环节。限期治理体现了规划的重点性原则,使地方、部门、企业把防治环境污染纳入议事日程,并使有限的资金集中用于解决突出的环境问题,有助于推动环境综合治理和环境污染削减目标的实现。

(七)污染集中控制制度

污染集中控制既包括在某区域内,以大企业为骨干,实地企业联合集中处理,也包括同类型工厂实行废水集中处理,还包括对特殊污染物集中处理。集中控制是基于统筹规划,从提高资源能源利用率和经济优化的原则出发安排的。这一制度为规划的优化决策和决策目标的实现奠定了基础。

污染集中控制制度充分体现了规划强调的经济效益、社会效益和环境效益统一的原则,有利于调动各方面的积极性,为污染治理的社会化开辟了道路,有利于推进技术进步,提高资源、能源的利用率和废物资源化工作。它也是老三项制度与新五项制度相互衔接配套不可缺少的一项重要制度。

(八)排污申报登记与排污许可证制度

所有排污单位都应向所在地环保部门进行排污申报登记。以排污申报登记为基础,根据各地具体情况,由当地环保部门决定是否发放排污许可证。排污申报登记与排污许可证制度是实行总量控制目标管理的保障制度。它的做法是先划分功能区,确定功能区的环境质量目标;然后进行现状评价,综合分析;再计算功能区的环境容量,并根据污染源与环境保护目标的输入响应关系及未来经济发展引起环境变化的预测,求出功能区最大纳污量及需要控制的污染物排放量;再进行污染物排放分配,确定各污染源的允许排放量;最后审核发证,作为监督管理的依据。该过程与规划的编制程序基本相同,因此排污许可证制度的推行实际上伴随着一个地区的污染物总量控制规划的编制和推行。

实行排污申报登记与排污许可证制度可增强各级领导的总量控制观念,促进老污染源的治理,提高环保部门自身的管理水平。这项制度把环境规划的编制、污染治理、监督检查等都纳入总量控制的轨道,使环境管理由定性走向定量(这些也是环境规划所要解决的问题)。

从上述8项环境管理制度可以看出,我国现行的环境管理制度是一个多层次、有重点的结构体系。其中,环境保护目标责任制是由国情及政府部门决定的,是体现决策层管理作用的根本制度,它处于管理的最高阶层,综合治理定量考核制度是这个体系的主体,其他制度构成了整个管理体系的基础。这些制度之间存在着相互补充、各有侧重又相互联系的关系:环境保护目标责任制是依靠各级政府的责任状(书),指出污染治理的期限、实施区域、控制排污总量的目的和效益;综合治理定量考核制度是在目标、污染负荷层层分解后,考核各项措施控制排污总量的效果;"三同时"、限期治理和集中控制3项制度强调使用环境工程手段,实现排污总量的控制;排污收费制度则用经济手段约束排污总量;建设项目环境影响评价、排污申报登记与排污许可证制度,都是从区域的角度,直接控制排污总量,但前者侧重于布局,后者侧重于削减。正确运用这些环境管理制度,可为环境规划的顺利实施提供保障。

三、水环境综合治理规划的实施管理

在环境保护中,环境规划与环境规划实施管理是相辅相成、缺一不可的。环境规划是环境保护工作的根本依据,是协调经济发展与环境保护的重要手段。通过管理,可促进污染治理,巩固治理效果,取得经济发展与环境保护的统一。规划的实施要靠科学的管理才能实现。

环境规划实施的组织管理同样也是水环境综合治理规划实施的组织管理,是对规划实施过程的全面监督、检查、考核、协调和调整。这是规划全过程的有机组成阶段,也是最复杂、工作量最大的阶段。因为它不仅涉及自然因素,还与政治、社会、技术等多种因素有关,必须采用行政、立法、技术、经济、教育等手段相结合的办法才能有效地解决。

对规划的实施进行监督、检查、考核,是为了掌握规划执行过程中存在的问题和规划目标的完成情况,以便采取有效措施,确保规划实施的顺利进行,同时验证规划和规划方法的科学性。协调、调整是指自觉地依靠价值规律,运用经济的、行政的和立法的手段,协调社会经济发展与环境保护之间的矛盾,以及各部门、各行业之间的关系;根据规划实施过程碰到的实际困难,对规划目标的分解、负荷分解做必要的调整,从而保证规划目标的实现。

(一)水环境规划实施的管理组织

环境规划实施的管理,主要抓以下3个环节。

1. 建立与完善环境管理组织机构

环境规划的实施管理主要依靠现已建立的环境管理组织系统，也可根据需要建立专门的机构来负责规划的组织实施。如，按规划的管理范围来设立某流域或某区域的专门环境管理委员会等。专门成立的规划管理机构应由当地分管环保的最高行政领导牵头，环保部门和政府有关部门及产业部门有关领导共同组成，下设具体办事机构（如办公室）负责处理日常事务。这种环境规划管理机构也可设在各级环境保护委员会中，环境规划管理机构负责环境规划的分解、执行、检查、考核、协调和调整。

2. 建立目标责任制，实行目标管理

自上而下、层层建立环境目标责任制，明确任务，尤其是要注重省长、市长责任制的建立。

①目标责任制中各级领导所应承担的任务。

省长、市长、区（县）长等各级人民政府领导，以保护环境、改善环境质量为基本职责，主要对实现规划的环境质量目标和完成综合治理任务负责，承担组织实施和检查考核任务；

部门和单位（主要污染源单位或主要污染源主管部门）领导，负责污染控制目标（污染削减目标）的实现，主要包括污染治理项目的计划与实施、新污染源控制、环保设施的运行、更改项目和更改资金的使用等；

城建部门和公共事业部门领导，主要完成各自承担的城市环境综合治理任务和所承担的各项目标任务；

规划、计划部门领导，主要对经济建设和城市建设的布局、结构和规模等负责，完成布局规划，并协调和帮助各有关部门解决资金等问题；

环保部门领导，主要完成环境工作目标，行使监督、检查、考核等职责，如，控制新建项目污染，限期治理老污染源，收缴和分配使用排污费，检查环保设施运行，使用环保补助金，建设烟尘控制区和噪声达标区，调查处理污染事故或消除事故隐患，实施环境监测，汇总分析规划执行中的问题并提出相应对策，协助政府行政首长工作并协调各有关部门的工作等。

②责任状的签订形式。

责任状（书）一般分层次签订，重大问题单独列项，主要有如下几种签订形式：

主管领导（省长、市长）与“人大”签订全辖区“环境质量目标责任状”；

省长、市长与下级政府行政领导（市长、区长、县长）签订“地区环境质量目标责任状”“城市综合治理责任状”等；

政府主要领导与有关部门领导签订“建设项目规划布局责任状”“单项治理工程责任状”等；

政府主要领导与负责主要污染治理的企事业单位主管部门领导签订“污染治理目标责任状”；

政府主要领导与生态环境部门领导签订“环境管理工作目标责任状”；

企事业单位主管部门领导与从事治理任务的企事业单位领导签订“污染治理目标责任状”；

生态环境部门领导与限期治理单位或其他有关单位签订“限期治理责任状”或其他责任状。

③责任状必须具备的内容。

责任状必须具备的内容包括：责任目标，即一定时期内必须完成的内容和指标；责任人和责任单位，即目标任务的承担者；完成责任状规定的任务必须具备的支持保证条件及保障条件的承担者；实现各项任务所必须采取的主要措施；所办实事的内容和预计效益；

3. 实行严格的目标定量考核

目标定量考核一般结合责任状进行，采取记分办法，并注意如下方面：

①责任状中，要明确规定责任内容和指标的记分点；

②所有考核指标应明确定义，规定考核对象范围、计分标准及扣分标准等；

③规定因特殊情况需要变动责任书内容或指标时的申报、审批办法；

④规定考核的次数与频率，并明确规定得分与奖罚数额的关系；

⑤企业环境保护考核要与企业职工切身利益结合，行政和管理部门的环保考核要与政绩考核结合起来；

⑥结合本地区情况，要制定环境规划管理细则或环境目标责任制管理办法及细则等；

⑦规划的考核应与整个环保管理工作相协调，并作为其中的重要部分。

(二)水环境规划实施的管理方法

水环境规划在实施过程中的管理有3种方法，即行政管理、协调管理和监督管理。

1. 行政管理

行政管理是在民主集中制的原则下，各级政府部门凭借上下级之间的权威和服从关系，自上而下地对经济活动和环境保护进行行政干预，使企事业单位经济活动达到既发展经济，又保护环境的目的。

行政管理是发挥组织保证的基本手段。在环境规划实施过程中，行政组织系统要按层次和职能，做到各司其职、各尽其责、密切配合、共同管理。各级人民政府是规划实施的主要领导者、组织者和责任承担者，环境保护责任状是具体表现形式之一；各产业部门和企事业单位是规划的具体执行者；人民政府领导下的环境委员会，是环境规划实施的主要协调机构，协调规划实施过程中出现的各种跨域问题；生态环境局是政府的职能部门，也是各级环境保护委员会的办事机构，是对规划实施行使监督检查和进行各种组织、协调和服务的机构；各级人民代表大会是对本地区环境规划行使决策与监督管理的最高权力机构，人民代表大会（或下设的环境工作委员会）将负责组织和拟定有关环境保护的议案和法规，审议现有规划和各种环境保护的命令、法规，监督政府环境规划和其他环保计划的执行情况等。环境规划实施中的行政干预必须以环境规划为依据，必须建立在法律基础上，不能"以权代法"和"以权违法"。当环境规划已经批准下达后，不得随意修改或违背规划的目标和原则。行政管理主要是依法办事，利用行政隶属关系和权威，纠正违反环境规划的行为，确保规划的实施。

2. 协调管理

由于环境规划的广泛性和跨域性特点，在规划实施过程中必须注意各部门、各地区之间的协调，以解决规划执行过程中上下之间、横向之间出现的矛盾和冲突。协调管理是通过各级环境保护委员会，将政府的环境目标责任与部门的污染控制及生态保护责任协调起来，形成分工负责的管理体系。

协调的手段包括经济手段、行政手段、法律手段以及思想协调工作，要依靠各级环境保护委员会进行组织协调，以保证规划目标的实现。

协调管理必须注意理顺生态环境部门内部的关系，形成规划、计划、统计和信息归口管理的组织形式与监测、统计、规划和监督检查一体化的工作程序。为此，必须根据职能要求合理配置或调整组织结构，分清工作层次关系和相互联系的系统关系，界定职责范围，合理确定交叉业务的管理程序。

3. 监督管理

监督管理主要由环境保护职能部门来执行，依据法律和环保管理制度来实行。为此，必须加强环保系统的自身建设，提高管理人员的素质和水平。《中华人民共和国环境保护法》已为环境管理提供了法律依据，也确定了环境规划的法律地位。但是要运用这些法律规定切实推进环境规划的实施，还需要一系列配套措施或实施细则相配合。如，"三同时"制度的执行还需辅以必要的经济技术措施，以解决污染防治设施运行率不高等问题;排污许可制度较质量浓度控制制度更能有效地促进污染物的有效削减和优化控制,但它需要在排污总量分配、排污指标的有偿转让以及排污收费的标准等方面做出相应的政策规定,也需要有一整套的科学技术。另外,在执法方面存在的问题和难度可能比立法还要大,尤其目前尚缺乏县、区级基层执法机构,省、市级执法机构也有待健全和完善。因此,环保的法治体系建设亟待加强。

环境总量控制规划的实施对环境监测和统计都提出了更高的要求,如规划实施的考核,对考核指标的解释、范围、监测和技术规范都提出了统一的要求,以使考核有可操作性和可比性。因此,在保证重点监测站建设的同时,要重视以重点站带动三级、四级站的建设,充分利用工业企业监测力量,形成社会化监测网络,为规划的实施服务。

在推行环境总量控制规划过程中,对管理干部的素质也提出了更高要求。加强岗位培训,以新的思想和理论武装管理人员,在管理工作中引入新技术、新方法,是保证环境规划实施的重要条件。

参考文献

[1]唐玉兰,杨辉,刘强.河流水生态建设和功能修复技术与应用[M].北京:化学工业出版社,2024.

[2]侯新,舒乔生.水生态文明导论[M].郑州:黄河水利出版社,2024.

[3]丁世敏,章琴琴.水污染控制工程案例库[M].合肥:中国科学技术大学出版社,2024.

[4]姚娜,张萌.万安水库水生态建设[M].北京:中国环境科学出版社,2023.

[5]程得中,侯新,仇利萍.水生态文明建设理论与实践[M].开封:河南大学出版社,2023.

[6]谢彪,傅静.水生态文明建设导论第2版[M].北京:中国水利水电出版社,2023.

[7]资惠宇,范京,林林编.水生态之花在羊城绽放碧道规划设计理念与实践[M].北京:中国商务出版社,2023.

[8]严淑华.水生态文明建设与评价体系研究[M].北京:中国纺织出版社,2022.

[9]王开德,李耀国,王溪.环境保护与生态建设[M].长春:吉林人民出版社,2022.

[10]任建锋,郑良勇,张玉荣,等.水生态文明规划策略和建设思路研究以潍坊市为例[M].北京:中国水利水电出版社,2022.

[11]秦玉生,杨振甲,程龙.水资源保护与水生态修复技术[M].哈尔滨:哈尔滨出版社,2022.

[12]扈幸伟,李江锋,邬龙.城市河湖生态修复与滨水空间构建技术[M].哈尔滨:哈尔滨出版社,2022.

[13]熊文总,高林霞,葛红梅.农村水生态建设与保护[M].武汉:长江出版社,2021.

[14]刘建明,张强,李晓东,等.四川水生态文明建设研究[M].成都:西南交通大学出版社,2021.

[15]王宝强,陈姚,刘合林.中国城市建设技术文库城市水系统安全评价与生态修复[M].武汉:华中科技大学出版社,2021.

[16]聂菊芬,文命初,李建辉.水环境治理与生态保护[M].长春:吉林人民出版社,2021.

[17]刘娜娜,程文熠.城镇化建设与水生态环境协调发展研究[M].哈尔滨:哈尔滨出版社,2021.
[18]吕文林.中国农村生态文明建设研究[M].武汉:华中科技大学出版社,2021.
[19]冯克鹏,田军仓.水生态文明建设过程中水利信息化建设途径与方法研究[M].北京:中国农业出版社,2021.
[20]胡智泉,胡辉,李胜利.生态环境保护与可持续发展[M].武汉:华中科技大学出版社,2021.
[21]高秀清.水生态修复技术[M].北京:中国水利水电出版社,2021.
[22]赵钟楠,李原园.水生态文明建设战略[M].北京:中国水利水电出版社,2020.
[23]李慧敏,王太刚.水生态文明城市建设体制与机制创新[M].北京:中国水利水电出版社,2020.
[24]陈超.现代城市水生态文化研究[M].北京:中国水利水电出版社,2020.
[25]郑蕾.水生态修复[M].北京:中国水利水电出版社,2020.
[26]于开红.海绵城市建设与水环境治理研究[M].成都:四川大学出版社,2020.
[27]何楠,胡德朝.现代生态水利项目可持续发展[M].北京:中国水利水电出版社,2020.
[28]李铁庆,胡亚明.凡河流域水生态管理目标优化与健康评价[M].沈阳:辽宁科学技术出版社,2020.
[29]王婷.区域水资源多目标均衡调度研究与应用[M].北京:中国水利水电出版社,2020.
[30]傅长锋,陈平.流域水资源生态保护理论与实践[M].天津:天津科学技术出版社,2020.